魔法家事
手账

[日] 三条凛花　著

刘保萍　译

江苏人民出版社

图书在版编目（CIP）数据

魔法家事手账 ／（日）三条凛花著 ；刘保萍译. ——
南京 ：江苏人民出版社，2020.7
ISBN 978-7-214-24808-4

Ⅰ．①魔… Ⅱ．①三… ②刘… Ⅲ．①家庭生活－基
本知识 Ⅳ．①TS976.3

中国版本图书馆CIP数据核字(2020)第095941号

JIKAN GA TAMARU MAHO NO KAJI NOTE

Copyright© Rinka Sanjo 2017

Chinese translation rights in simplified characters arranged with FUSOSHA
PUBLISHING, INC.

through Japan UNI Agency, Inc., Tokyo

江苏省版权局著作权合同登记号：图字 10-2019-426 号

书　　　名　魔法家事手账
著　　　者　[日] 三条凛花
译　　　者　刘保萍
项 目 策 划　凤凰空间／李雁超
责 任 编 辑　刘　焱
特 约 编 辑　李雁超　都　健
出 版 发 行　江苏人民出版社
出 版 社 地 址　南京市湖南路1号A楼，邮编：210009
出 版 社 网 址　http://www.jspph.com
总 经 销　天津凤凰空间文化传媒有限公司
总 经 销 网 址　http://www.ifengspace.cn
印　　　刷　雅迪云印（天津）科技有限公司
开　　　本　889 mm×1 194 mm　1/32
印　　　张　4
版　　　次　2020年7月第1版　2020年7月第1次印刷
标 准 书 号　ISBN 978-7-214-24808-4
定　　　价　49.80元

不会做家务的新婚时期，
魔法家事手账拯救了我。

本书介绍了如何通过减少日常生活中"不知道"的事情，从而节省家务时间的方法。你需要准备的仅是一个手账本，请在第一页写上"家事手账"。

昔日的我每天都被"自己是一个不合格的主妇"的想法折磨。后来因魔法家事手账使自己的生活得以改变，下面向大家介绍这种家事手账的做法。

我曾经有这样一个模糊描绘的梦想："24 岁之前结婚，过上有猫的生活，然后……"但是 23 岁新婚之初的我，却对自己充满了厌恶，总是顶着一张无精打采的脸度过每一天。

每天晚上，下班回家的先生在打开玄关的门时总是忍不住叹息，因为走廊里堆满了废纸箱、垃圾袋、废盒子，连一处落脚之地都找不到。先生洗完澡出来要擦头发时，我才突然想起换衣服的地方连一条干毛巾都没有，于是只好去翻找乱七八糟堆得像小山一样的待洗衣物。从散乱在地板上的衣物、纸箱和杂志的缝隙艰难地穿过，把毛巾和换洗衣服递给先生时，总会听到他不满地发牢骚。先生的晚饭经常是冷冻炒饭或者速食杯面。某一天心血来潮决定给先生做他喜欢吃的汉堡，虽然已经买好了要用的材料，结果却常常不了了之。于是，有一天先生终于爆发了，导火索是家里那只浑身沾满了灰尘的猫。

先生大发雷霆，我不停地找借口，不耐烦地说着一些惹人不快的话。先生背对着我一言不发地躺在了床上。过了一会儿又重新转向我，无奈地说道："算我拜托你了，每天只花 15 分钟也好，就算是为了猫，也请你稍微打扫一下家里吧。然后把乱七八糟的东西收拾一下，哪怕只收拾一处也行。"

我对此感到十分愧疚。那是先生工作的第一年，每天坐末班车回家，通常要到凌晨 1 点才能吃上晚饭，凌晨 2 点才能休息。由于工作还不太上手，每天都要加班。这时，本该放松身心，给人力量的家，却成了令人烦恼的地方。

先生每天工作都很繁忙，而我只是每周出去打几次工。别人能轻易完成的平常家务，为什么我却做不到呢？我无时无刻不在想这个问题，结果除了后悔没有任何改变。其实，就算知道原因，我也不知道收拾如此凌乱的房间该从哪里入手。我总是处于不知所措的状态。

这样的我，如何能够像其他人一样，料理好家务呢？答案是一本"手账"。

"新婚生活怎么样？"学生时代的朋友这样问道。我不禁向她诉苦："房间乱七八糟的，不会做家务，而且每天都会和先生吵架。"她却边笑边说："在我的印象里你可是擅长做家务哦。"

翻看旧相册，我想起了过去一个人生活的日子。那时我的房间总是被收拾得整整齐齐，每天自己做三菜一汤。反观现在，这几年我居然一直认为自己的失败经历是"理所应当"，我对此感到无比惊讶。

就在那时，我想起在大学三年级时，我每天工作之前都会记"手账"。我会写下每天的安排、在电视或网上看到的料理家务的方法和小配方、要提交的东西、注意到的事情、我的思考和感情的记录，等等。

是啊，要想整理思绪，就要动手去记录。工作之后，我不在家的时间增多了，以此为由我不再继续记手账了，这好像就是我做不好家务的根本原因。

因为朋友的话，我想起了学生时代认真生活的自己。于是，我再次购买了手账本，开始记录家务。动手记录、整理思绪对我来说是很重要的。把握好家务的总量，排上顺序之后，就可以开始行动了。

本书介绍的家事手账，是我尝试了各种各样的记录方法，一边解决遇到的问题，一边改进记录的手账。这本手账做出来之后，生活中我原来认为"不知道怎么做"的情况全部消失了。没有了迷惑和烦恼，家务对于我来说也不再是麻烦事，而是快乐的、易如反掌的事情了。

如今我们依旧住在 4 年前的房子里，并且养了一只猫，还有一个女儿。现在我每天大部分的时间都花在家务、育儿和工作上。与新婚之初，每天过着垂头丧气、心神不定的日子相比，现在的我每天都过得十分安稳、充实，这些多亏了这本家事手账。

【以整理收纳为基础看待家务】

想要了解更多关于整理方面的知识，我考取了整理收纳顾问的资格证

在开始使用家事手账时，我一边不断试错，一边摸索家务和整理的节奏，最后终于摸索出一些适用的方法。此时我 25 岁了。刚结婚时我为一家出版社供稿，生活中出现的一个转机，让我产生了"自己不应该只是平淡地生活下去，而应该朝着梦想努力"的想法。虽然工作很有趣，但我还是想写一部关于整理的书。

写点什么好呢？想到这个问题，最先浮现在我脑海中的就是"家务"。本来我就不讨厌做家务，从孩童时代开始我就喜欢阅读面向主妇的杂志和关于收拾整理的书籍。尽管如此我还是不太会做家务，我的房间依然凌乱。虽然我做家务不太熟练，但是经过不断地试错，现在我已经一点点地建立起一套良好的体系。我想，这段经历可能会帮到和我有同样烦恼的人，于是我决定写这本书，并开始写博客。

在开始写博客时，我感受到了自己想要"获取更多知识"的欲望。

虽然房间已经整洁了，但我还是希望系统地学习更多整理方面的知识。因此，我开始准备考取整理收纳顾问资格证。

学习之后我发现，整理收纳的顺序，不仅适用于做家务，在生活其他方面中也颇有用处。

下面介绍一下整理收纳的正确顺序。首先，想象理想的生活状态。然后，将家里所有的物品拿出来，分为"需要"和"不需要"两种。丢掉"不需要"的东西，把留下来的东西分组整理，再根据使用频率对物品进行分类。做到这一步之后就可以开始考虑收纳的事情了。那么该把东西收纳到哪里，又该使用什么样的收纳工具呢？

这时不应该只依赖收纳工具和收纳窍门，在开始收纳工作之前，首先要直面家里所有的东西，好好整理一下。这一步令过去只顾寻找快捷收纳术的我茅塞顿开。通过实践，我也明白了总是做不好家务的原因。要是从一开始就一味依赖便利物品和省时窍门，那就注定失败。能否做好家务，最重要的是直面所有的家务。

了解我家的家务

家务热身

- ☐ 总之先站起来
- ☐ 扎头发
- ☐ 关掉电视机
- ☐ 设置背景音乐
- ☐ 收拾眼前的东西
- ☐ 调节房间的温度

早间家务

- ☐ 打开窗帘
- ☐ 做便当
- ☐ 换气
- ☐ 准备晚饭
- ☐ 铺床
- ☐ 收拾垃圾
- ☐ 照顾家人
- ☐ 扔垃圾

晚间家务

- ☐ 收拾客厅
- ☐ 确认门窗是否锁好
- ☐ 去除浴室的湿气
- ☐ 设定加湿器
- ☐ 照顾家人

洗涤

- ☐ 收集待洗衣物并对其进行分类
- ☐ 收回晾晒衣物
- ☐ 叠衣服
- ☐ 设定洗衣机
- ☐ 熨烫衣物
- ☐ 取出衣物
- ☐ 把衣物放回原位
- ☐ 晾干衣物

经济管理

- ☐ 整理收据
- ☐ 税金相关事务
- ☐ 记入家庭账本
- ☐ 购物纪录
- ☐ 记录各种支出
- ☐ 存储管理

照顾家人

- ☐ 育儿
- ☐ 照顾植物
- ☐ 照顾宠物
- ☐ 看护

打扫

- ☐ 客厅
- ☐ 台阶
- ☐ 餐厅
- ☐ 每个房间
- ☐ 厨房
- ☐ 杂物间
- ☐ 卫生间
- ☐ 储藏室
- ☐ 盥洗室
- ☐ 阳台
- ☐ 玄关
- ☐ 庭院
- ☐ 走廊
- ☐ 浴室

维护日用品

- ☐ 镜子
- ☐ 打扫用品
- ☐ 家电
- ☐ 衣物
- ☐ 各种器具
- ☐ 化妆品

料理

- ☐ 食材管理
- ☐ 购物事先准备
- ☐ 确定菜单
- ☐ 烹饪
- ☐ 制订购物计划
- ☐ 清洗用具

【我的家务大作战】

消灭生活中的"不知道怎么做"，让做家务变得轻松！

在我为家务无法顺利进行而感到苦恼时，我梳理了整理收纳的顺序，然后我发现了阻碍我对做家务产生热情的原因，那就是有不知道怎么做的事情。

如果没有家事手账的话，我会对料理感到苦恼，也会在每天打扫时，忘记某些地方。如果没有手账的话，不知道怎么做的事情就会变多。

比如说，当你在为晚饭吃什么而烦恼时，家人的哪种回答会让你开心呢？

①吃什么都可以。

②今天想吃汉堡！

我更乐意听到②的回答，因为如果是①的话，就意味着你必须先思考吃什么。你不得不去翻菜谱书，上网查询用冰箱里的食材可以做的菜等。但是，如果决定了要吃汉堡的话，你只需要看做汉堡的菜谱（或者上网搜索汉堡的做法）。

如果有不知道怎么做的事情，那么每次遇到都要仔细思考、查询、探究。而浪费时间烦恼则是让人感到家务很麻烦的原因。

家务中让人困惑的两件事：

①不知道今天应该做什么家务。

②不知道要做的家务所需要的信息（菜谱、需常备的基本用品、扔垃圾的方法等）。

由于这些困惑导致事情被拖延。如果能够解决这些困惑，家务的烦恼就会大大减少。那么，先试着总结一下家中令你困惑的事吧。据此写出的"家事手账"能够大大减少花费在家务上的时间。

你可能会认为写这种手账很费工夫，但是，如果花点儿工夫就能够换来"不必思考、不必烦恼、不必寻找"的生活，是否就能让你干劲满满了呢？

有了家事手账，家里就会变得越来越整洁，你也会有更多空余的时间，生活质量也能不断提高。即使是平时不常收拾的地方，也不会被遗忘，比如更换厨房用海绵、清洗窗帘、清洁遥控器等。把这些家务提前写入家事手账的"日程表"就不会忘记了。

使用家事手账，日常生活中由于"不知道怎么做"而产生的压力消失了，家里变得更加整洁，也省下了很多时间。对我来说，这本手账已经成为"魔法手账"了。

此外，家事手账还是我家的生活指南。看到这本手账，不管是谁都能够做好家务。

只不过，家事手账的目的不是为了锻炼人们做家务的本领，而是为了减少做家务的压力和花费的时间。通过写家事手账，可以使人身心轻松，更乐于做家务，从而提高做家务的能力。

为了让明天的自己更加轻松，一起开始尝试做家事手账吧！

目　录

第 3 章　在家事手账中做好备忘录

第 4 章　快乐清单

结　语

第 1 章

家事手账的做法

给生活带来轻松的家事手账，由消除"不知道该做的事情"

的"日程表"和省去"思考、寻找、查询"时间的"备忘录"

两部分构成。

【什么是家事手账】

我所说的家事手账，是把关于家务和生活的所有事情浓缩在一个本子上的笔记。由两部分构成：能够让每天的家务顺利进行的"日程表"，以及在家务遇到困难时能够提供帮助的"备忘录"。

整理思绪的"日程表"

所谓"日程表"，就是能够让每天繁忙的家务变得井然有序的计划表。结合日历记录每周做一次的家务、每个月做一次的家务，除此之外还有今天想提前做的事情等，所有家务的优先顺序只要看日程表，就能一目了然。

最重要的是，将计划提前写在纸上。

我把与家务同等重要的购物计划也写在手账里，通过手账建立起一个能够统一管理家中事情的系统。

把握家务的全貌

开始制作家事手账之前，首先要全面把握家务。请先选出你认为生活中重要的家务，然后查漏补缺，试着做出一份"我家的家务清单"。

我家的事务处理"备忘录"

"备忘录"指的是生活中的"事务处理说明书"。我将它分为"物品""事情""人""人情往来"4 个种类分别记录信息。

如果遇到不懂的事情，大家会怎么做呢？应该是去找说明书，或者上网查询。但是，如果在"备忘录"里提前记录的话，只需要查询一次，之后就没有必要再浪费时间了。只需要查询"备忘录"即可。

完善家事手账

在每个月月底，"备忘录"里应该已经积累了很多信息。

如果只是把手账的完善日设为"某天"的话，这一天不知不觉就会被推迟，最后被忘记。我把每个月的 28 日作为下个月的"日程安排日"，每个月都能及时更新家事手账。

由于生活方式、家庭成员的人数和家中所有物的变化，"备忘录"里记录的内容会变旧而不再适用。一定不要忘记对其进行及时完善更新。

【做家事手账的理由】

做家事手账是为了消除家务中不知道怎么做的事情，让做家务能够顺利进行。也就是说，做这本手账就是家务的第一步。

通过制作"日程表"，可以把一整天的家务内容可视化，防止疏漏，从而使家务变得从容；通过提前制作"备忘录"，使你遇到困难时可以随机应变，从而使时间更加充裕。有了家事手账，可以让生活变得更加轻松自如。

只要有手账"即使忘记了也没关系"

因为家事手账，我的身心变得更轻松了。过去脑海中塞满了各种安排、想要做的事、需要查询的事情等，现在全部变得有条理了。事情有条理了，身心才能放松，时间才能充裕。

遗忘对我来说是十分恐怖的事情，我会因此产生不安的情绪。但是现在就算忘记了也没关系。如果有什么忘记了，只需要打开家事手账就可以想起来。

写在家事手账上的内容

写在家事手账上的内容有 2 点。①日程表（家务的日程表）；②备忘录（家里的所有信息）。不仅仅是家务，与人之间的交往和各种小礼物的清单也写上的话就更好了。

享受做手账的时光

一想到这是要反复阅读的笔记，就想做得再漂亮些，用印章把它装饰得更可爱，慢慢地来制作这本手账，不慌不忙地一点点整理、总结。这样一想，对它的喜爱也越发浓厚。整理笔记可以使家务更轻松。这是我制作家事手账的主要原因。

如果认为不适合自己、无法继续下去的话

在博客上介绍了各种各样的想法之后，会收到大家的一些意见，如"不适合自己""难度太大了"等。

但是，重要的不是记手账这件事，字写得漂不漂亮也是其次。说到底，家事手账只起一种辅助的作用，只是一种为了更好地做家务的工具。

即使不是每天都写，或者做得不可爱，甚至不是亲笔书写都没关系。请选择一种适合自己的方法。尝试在一个本子上记录生活，会有各种各样惊喜的发现。

通过自己的记录，慢慢地发现生活的乐趣，这不就是记手账的价值吗？

要准备的东西

基本的用具只有活页笔记本、活页纸和笔。

因为家事手账要时不时地增加、替换内容，所以要使用方便更换的物品。

（物品 1）	（物品 2）	（物品 3）
活页笔记本	**活页纸**	**笔**

制作家事手账的活页笔记本由于要长时间使用，所以请准备自己喜欢的风格。由于会经常替换、添加内容，所以要检查金属环的开合是否顺畅。

推荐浅色。如果把画线的活页纸垫在下面的话，即使在没有画线的素色纸上也可以写出整齐的字。照片上的是 LIFE 的 A5 尺寸的"NOBLE 系列活页纸"。

使用粗（0.5 mm）、细（0.38 mm）和极细（0.35 mm）的黑色圆珠笔。粗笔用来画边框和书写想要着重表现的内容，细笔用来写字，极细笔用来书写表格里的文字。

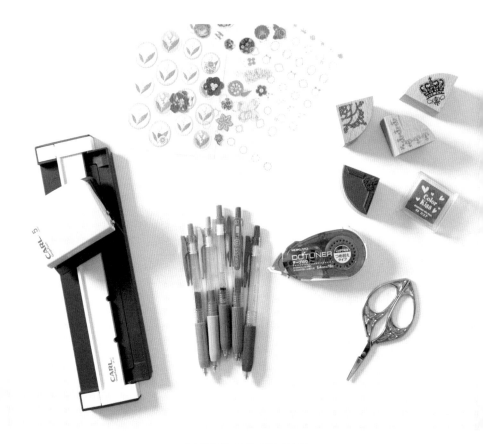

便利小物品

介绍一下让家事手账的制作变得更加轻松快乐的小物件。

为了能够坚持做下去，重要的不仅仅是选择你喜欢的设计样式，是否能够简单地做成也很重要。

（物品1）
印章

虽然使用印章的目的是为了让笔记看上去更加可爱，但是对于不擅长画插图的人来说，也有很可爱的边框印章等可供使用。

（物品2）
彩色笔

用于填涂表格、突出强调重点内容等。每一页使用1~3种颜色更好看。

（物品3）
装饰贴画

使用一些装饰贴画让自己的笔记变得更可爱，也可以用电脑制作一些贴画然后打印出来使用。

（物品4）
标尺打孔器

在印刷物或纸张上打孔使其能夹入活页笔记本的打孔器。在网上和文具店里都能买到。

【如何制作家事手账】

不知道今天做什么家务？解决这个问题

日程表

我家事手账中的日程表，就是家务计划表。只需看这一页，就能够知晓整月的家务计划。

首先是以日历的形式制作的"日程表"，主要包括 3 方面内容：每周做一次的家务（每周家务）、每月做一次或在固定的某一天做的家务（每月家务）和根据天气决定当天所做的家务（天气家务）。

其次是"本月 6 大任务"。分别是向往的家务、人情往来、照顾家人、打扫维护、要买的东西和收拾整理。

最后是"每周计划"以及表示身体、情绪变化的"月盈月亏"。

迄今为止我已经试过了各种各样记笔记的方式。我用过手账、挂历，还用过手机 APP、单词本、台历，无一例外都失败了。所以，我想如果把所有的信息都集中在一处的话，就会方便管理，也方便阅读和书写。

每天、每个月的家务大致相同，就算时间推移也不会有很大改变的内容就照原样写下来，复印使用。本书内附方便大家使用的空表格。避免麻烦也是家事手账的诀窍之一。

提前总结的内容

检查清单——行动清单

☑ **每周计划**

每周一次的研究、练习主题。

☑ **天气家务**

与天气因素有很大关系的家务。一周设置 2 件左右更容易达成。

☑ **日期**

写日期的空栏。把周末涂上蓝色、红色等颜色便于区分。

☑ **月盈月亏**

记录新月、满月、上弦月、下弦月。除了能够大致看出身体和情绪的变化之外，还能观测月亮。

☑ **每周家务（七色家务）**

每周一次，决定要做的家务。

☑ **每月家务**

每月一次，配合日期并决定要做的家务。

☑ **其他**

其他家务和杂事的安排。

☑ **本月 6 大任务**

按照以下 6 种家务分类记录的部分。

☑ **向往的家务**

例如根据季节举行的传统仪式活动、做味噌酱这样的，不是必须要做但是想尝试一下的事情。

☑ **人情往来**

贺卡、暑期问候、拜访的安排和婚丧嫁娶的信息记录。

☑ **照顾家人**

育儿、照顾护理宠物、丈夫的公司活动等，与家人有关的内容记在这里。

☑ **打扫维护**

本月想要提前进行的集中扫除、物品的维护等安排的记录。

☑ **要买的东西**

记录本月想要提前购买的东西。比如到了 12 月份就写上新年装饰物"界绳""门松"等。

☑ **收拾整理**

记录本月想要收拾整理的地方。距离回收还有一段时间的大型垃圾的处理安排也写在这里。

wp	☀	date	☽	七色の家事	月ごと家事	その他
カーテン洗濯 食べもの見直し週間 窓そうじ 網戸そうじ 女子力UP週間 寝具干す	☀	1	●	モノ	スポンジ交換	カーテン洗濯・ 野菜のおかずリスト
		2		電・金	インターホンきれいに・ 乾物ストック	靴の定数見直し
		3		予備	(斉)浄水器 交換・ (偶)コンタクトケース交換	おそうじレシピ作り・ 常備薬作り
		4			エンディングノート更新	
		5		ツキ	おつきあいノート更新	ハンガー整理
		6		火まわり	虫の目でそうじ	窓そうじ・ トラブルログ作り
		7		水まわり	ブレーカーカバーきれいに	
		8		モノ	歯ブラシ交換	マイルールブック作り
		9	◐	電・金	茶渋とり	網戸そうじ・ 寝具干す
		10		予備	トイレタンクそうじ	
		11			家にあるレトルト食品整理	クリーニング
		12		ツキ	散らかりがちな場所 チェック	
		13		火まわり	こんだてについて考える	カード収納改善
		14		水まわり	リモコンきれいに	
		15		モノ	洗濯槽そうじ	

憧れ家事

15　十五夜

おつきあい

18-19　弟が泊まりに くる

家族サポート

24　予防接種

wp	☆	date	☽	七色の家事	月ごと家事	その他
☆カーテン洗濯	☆	16		電・金	スポンジ交換	
		17	○	予備	冷凍庫をきれいに	
		18			照明きれいに	
書類集中整理週間	☆ベランダそうじ	19		ツキ	ケトルの手入れ	
		20		火まわり	冷蔵庫のすき間	
		21		水まわり	消臭剤 減りチェック	
		22		モノ	ブラシきれいに	
	☆家中の風通し	23	◐	電・金	DM・ハガキの整理	
		24		予備	重要書類の整理	
		25			浴室サッシそうじ	
キッチン改造週間	☆ウエス作り	26		ツキ	家具や扉の"カド"	
		27		火まわり	浴室 天井そうじ	
		28		水まわり	ソファをどかしてそうじ	
	予備	29		モノ	靴箱きれいに	
	☆	30		電金	電子レンジ集中そうじ	

そうじ
手入れ

夏小物の手入れ
風鈴

買うもの

ウォールポケット
1　防災用品

片づけ

21　衣替え
クリーニング
粗大ごみ
（椅子）

日期	🌙	七色家务	每月家务	其他
1	物品		更换海绵	清洗窗帘、小菜清单
2	电费		清洁电话、干货存储	清点鞋子数量
3	准备		（奇）更换净水器（偶）更换隐形眼镜盒	制作打扫配方、制作常备菜
5	每周		更新记录与人交往关系的笔记	整理衣架
6	每周二		仔细地打扫	打扫窗户、制作日常麻烦事记录
7	每周三		清洁电板盖	
8	物品		更换牙刷	制定我的规则书
9	电费		去除茶垢	清洁纱窗、干燥卧具
10			清洁马桶水箱	
11			整理家中的袋装熟食	清洁
12	每周一		检查容易混乱的地方	
13	每周二		思考菜单	改善卡片的收纳
14	每周三		清洁遥控器	
15	物品		清洁洗碗池	

左侧：计每划周家务 / 清洗窗帘 / 食物更换周 / 擦窗户 / 清洁纱窗 / 晾晒寝具 / 女性魅力提升周

【天气家务】
写上分别在晴天和雨天想做的事情

【每周家务（七色家务）】
在另一页上制作表格，可以的话涂上颜色

【本周（习惯）计划】
选择本周想要学会的内容，写进表格

【每月计划】
写上想要每个月做一次的家务

【其他】
备忘录

向往的家务

15 本月阴历十五日的夜晚

【向往的家务】
写上在有余暇的情况下想要做的家务或其他事情

人情往来

18-19 弟弟来家里住

【人情往来】
除了婚丧嫁娶，也写上其他来往

照顾家人

24 预防接种

【照顾家人】
写上与家人有关的不能忘记的安排

每周计划	☆	日期	☽	七色家务	每月家务	其他
		16		电费	海绵更换	
		17	○	准备	清洁冷冻库	
		18			清扫照明设备	
		19		每周一	护理烧水壶	
		20		每周二	清洁冰箱的缝隙	
		21		每周三	检查除臭剂	
		22		物品	清洁刷子	
		23	◐	电费	整理传单、便签	
		24		准备	整理重要文件	
		25			清洁浴室窗框	
		26		每周一	家具和门的死角处	
		27		每周二	清洁浴室天花板	
		28		每周三	挪开沙发打扫	
		29		物品	打扫鞋架	
		30		电费	微波炉集中清洁	

家事手账的使用方法

进一步说明我的家事手账的书写方法。这只是一个示例，请根据自身的生活习惯进行改变。

打扫维护

修缮夏日小物风铃

购物

挂墙收纳袋

1 防灾用品

整理

21 换洗衣物洗衣大型垃圾（椅子）

【扫除维护、要买的东西、收拾整理】

这里根据上面表格里的内容，写入必要的事情

不再烦恼买东西与找东西

我家的物品

家事手账中"我家的物品"这一页，写的是关于家里的收纳及物品购置小记录等，总结了很多与物品有关的信息。

了解收纳位置

知道家里东西位置的只有妻子。想必这样的家庭有很多，我家也不例外。但是如果有"收纳地图"或"备忘录"的话，就能和家人共享各种物品的位置信息。

消除购物的烦恼

买了之后发现不喜欢，买了之后才知道有更便宜的，以为是经常用的东西却买了错误的型号。你也有这些购物的烦恼吗？"我家的日用品清单""愿望清单"和"器具说明书"等能帮你解决这些烦恼。

不用思考也可以

日常生活中我们有一半的时间都在思考：

"那个在哪里？"

"有没有忘记买的东西？"

"经常买的是哪个来着？"

只需花费一点时间记在手账上，就可以节省每天为了购物而思考的时间。

检查清单——我家的物品

☑ **收纳地图**

可以让人明白家里哪个地方有什么东西的地图。便于与家人共享物品位置信息。

☑ **那东西在哪？备忘录**

改变物品既定位置和扔东西时的变更记录。可以省下回忆那个东西被移到哪里的时间。

☑ **我家的日用品清单**

总结了我家日用品的清单。为了防止购物时发生漏买情况。

☑ **电池清单**

什么东西要用什么型号的电池、用几块等信息可以在这里一目了然。购物时可以参考。

☑ **器具说明书**

记录"微波炉使用方法"或"打开方法"等有关器具的使用说明和维护方法以及型号的清单。购物时和维护时可以参考。

☑ **盒子清单**

记录了各种收纳用具的型号和尺寸的清单。购物时和制定收纳计划时可以参考。

☑ **愿望清单**

记录了想要购买的物品信息的清单。减少"买了后悔"的情况。

☑ **衣物记录**

能够把握家里所有衣物信息的清单。还可以记录购买、处理的相关信息。

清单化的优点
- 不用费力寻找物品
- 购物时防止漏买
- 可以更顺利地把物品购置齐全

节省查询时间减轻压力

我家的事情

在家事手账中"我家的事情"这一页，主要记录与家务、生活和安全有关的信息。记录这些信息可以节省调查、寻找的时间。

由于不知道而无法行动

网上购物时可能会忘记账号或密码。孩子突然不舒服，但是不知道是否需要叫救护车。这时该怎么办呢？在这种紧急时刻再上网查询的话很费时间。有突发事件发生时，如果你在那一瞬间感到不知所措，可能是因为有一些信息你不知道。

重要的事情汇总到一起

比如信用卡、银行账户、手机和保险合同等重要的信息，该如何管理呢？需要信用卡卡号时要打开钱包，需要看银行账户的账号时又要拿出存折，要确认合同信息时又要翻找文件箱。只是一些很小的事情，却要在寻寻觅觅上花费很多时间。

如果把这些重要信息都提前记录到手账上，需要的时候立刻就能找到。这样还可以省去查看信息之后放回物品的时间。

检查清单——我家的事情

☑ **账号清单**

汇总网上购物和各种网站的账号信息清单。避免出现不知道登录地址的情况。

☑ **汇总紧急联络电话**

汇总紧急时刻能够提供帮助的联系电话和地址。万一有什么事情只要打开这一页就能安心。

☑ **给家人的留言板**

写上与家人共享的信息，如"哪里有什么东西""这个家电该如何使用"等。

☑ **每日饮食提示集**

汇总一周菜单的清单。在一时想不起来做什么的时候，只要从这当中挑选就能决定几天的菜单。

☑ **麻烦记录**

各种各样的日常麻烦的记录。在有类似事件发生时可以参考。

☑ **灾害防范指南**

提前总结的关于灾害防范的各种清单。为了在非常时刻能够冷静地行动。

☑ **清扫配方**

使用小苏打和柠檬酸打扫的各种信息就记录在这里，避免出现因不清楚使用分量而不会用的情况。

☑ **防范地图**

总结了附近需要注意的地方和必要时刻可以避难的场所的地图。可以作为给孩子和女性使用的防范对策。

☑ **信用卡信息**

汇总信用卡信息的清单。在需要输入卡片信息时只要看这个记录就可以了。

☑ **银行账户信息**

汇总账户信息的清单。能更好地把握还款日和使用方法。

☑ **扔垃圾方法记录**

总结垃圾分类方法、扔垃圾的顺序。避免出现不知道怎么扔所以没办法扔掉的情况。

> **清单化的优点**
> ● 避免出现遗忘重要信息的情况
> ● 避免出现由于不知道，所以无法行动的情况

汇总家人信息

我的家人

家事手账中"我的家人"这一页记录的是关于家人的事情。除了有关健康的内容之外，也总结了亲属的婚丧嫁娶相关事宜和家谱图。

即使是家人的事情也竟然不知道

你知道家人的病历和预防接种疫苗历史吗？我连自己都不太清楚。

"病历数据库"中写的是如同病历表一样的家人的病历，"就诊记录"中写的是医生的医嘱和日常的健康状况等。

你知道祖父母的兄弟吗

亲戚之间没有来往的家庭有很多，比如祖父母的兄弟和他们的孩子。为了避免出现在参加葬礼时还要问别人"这位是谁"的窘况，可以制作家谱图，在自己家举办活动时，也可以作为参考。

照顾家人记录的作用无限大

"照顾家人"中所写的是育儿、护理和夫妻关系的记录。由于这个记录各个家庭有所不同，所以没有写详细内容。但是可记录的内容多种多样，比如孩子的断乳食物记录、便当日记、夫妇吵架记录等。从这些记录中，你可能会觉得生活更加有趣，家务更轻松。

检查清单——我的家人

☑ **病历数据库**

这一页总结的是迄今为止家人的病史、手术史，以及预防接种疫苗史。有了这个记录后填写医院的病历表时也不会感到迷茫。

☑ **就诊记录**

日常的小感冒和受伤也要记录在其中。在寻求这方面的帮助时会起作用。

☑ **家谱图**

在各种婚丧嫁娶的场合不用被各种亲戚关系困扰。

☑ **葬礼清单**

记录葬礼。方便安排参加仪式的时间和人物。

☑ **纪念日清单**

记录家庭的纪念日、家人的生日、圣诞节等日期和在当天想做的事。

☑ **照顾家人**

记录对家庭成员的照顾关爱。内容包括育儿、护理、宠物喂养等，不同的家庭记录的内容千差万别。

> **清单化的优点**
> ● 可以轻松管理家人的健康状况
> ● 消除对亲戚朋友的陌生感
> ● 有助于照顾所有的家庭成员

家务以外的重要事项

人情往来

"人情往来"这一页，主要记录与除家人以外的人们的交流。

不为送礼物烦恼

在人情往来中我们经常会为一件事感到烦恼，那就是"送礼物"。比如何时送礼物，送什么礼物，上次收到了什么礼物，等等。为了解决这样的烦恼，可以对收到的礼物和送出的礼物都做好记录，并总结适合做礼物的物品。如果通过记录，可以使自己对送礼物这件事精通的话，那么就达到了效果。此外，记录家人之间的礼物互赠，可能会使家庭关系变得更加融洽。

降低写信的难度

贺年卡片和感谢信也是十分重要的交际手段。虽然一开始写卡片的时候很开心，但是我不怎么擅长写信。如果提前准备模板的话，写信的难度就会大大降低了。

为久别重逢的再会做准备

你有没有不知道朋友的孩子或丈夫名字的情况？在与阔别已久的朋友见面之前，提前看"喜事记录"确认相关记录之后就可以安心了。此外，在送孩子礼物或发压岁钱时，只要看这一页，就可以知道孩子的年龄，也就清楚应该送什么了。

提前总结的内容

检查清单——人情往来

☑ 喜事记录

记录朋友结婚和生产的日子。只需看一眼就可以轻松把握各种庆祝仪式和结婚仪式的参加情况。

☑ 哀悼日记录

记录葬礼收到的物品记录清单。可以看记录知道回礼情况，并为之后送礼物提供参考。

☑ 送出的物品记录清单

送出的物品记录。防止总是给一个人送礼物或总是送同样礼物的情况发生。

☑ 给家人的礼物记录

母亲节、父亲节，以及家人生日等的记录。每年选礼物时可以提供参考。

☑ 信件模板

总结记录信件或范文的结构模板。可以降低写信的难度。

☑ 小礼物清单

记录购买小礼物的心仪店铺。可以不为"去哪里买？"等问题感到迷茫。

清单化的优点
- 可以把握婚丧嫁娶相关事宜的信息
- 不用为送礼物、挑选礼物感到烦恼
- 可以了解朋友家人的信息

第 2 章

家事手账中的"日程表"

家务的 8 种分类

和将其写入家事手账"日程表"的具体方法。

【了解家务的种类】

不同家务都有其自身的性质，了解了这些性质之后，就更容易给这些家务排出先后顺序。在开始写家事手账之前，首先让我们了解一下所有的家务吧。

把家务分为 8 个种类，并决定其先后顺序

我把家务分为 8 个种类。下面分别介绍一下。

●每日家务

指的是每天都要做的家务，比如准备餐食，每天最基本的打扫，等等。由于每天都要做这些事情，如果每天都写笔记的话会很麻烦，所以把每日家务单独列清单。在熟悉清单内容之前就一边看着清单一边做家务，慢慢地将其全部记在脑海中吧。

●每周家务（七色家务）

指的是根据每周七天分配的家务和每周做一次的家务。比如周一与"月"有关（注：日语中周一为"月曜日"），就安排据说能召唤幸运的"打扫玄关"家务，等等。

这里并不只是简单地根据每周七天来粗略决定家务内容，而是决定好具体做什么，让做家务更容易上手。比如，如果是打扫玄关，要计划"打扫水泥地""拂去玄关门处的灰尘"等具体内容。

●每月家务

指的是根据日期分配的家务和每个月做一次的家务。比如"每月两次（1日、16日）更换洗碗海绵"，等等。

●季节家务

指的是春夏秋冬每个季节的家务。从1月到12月，根据季节和月份提前规划好家务会十分便利。比如1月计划"收拾正月装饰物""整理通讯录"，等等。

●天气家务

指的是在晴天、多云天、雨天等各种天气中要做的家务。比如"晴天清洗蕾丝窗帘"，等等。

由于是根据天气计划的家务，没有具体的日期，所以不是写成"xx 日做"而是写成"在这个期间做"。并且不要列太多计划，一周安排两个左右即可。

●向往的家务

即使不做也不会造成困扰，能做的话更好的"奖励性"家务。比如腌咸梅、自制味噌酱、制作桑格利亚汽酒，等等。

●照顾家人

指的是为了照顾家人需要做的家务。侍弄花草、照顾宠物也包括在其中。

●人情往来

指的是婚丧嫁娶、问候、收送礼物等与交际交往有关的所有家务。比如"准备贺年卡""准备给婆婆的生日礼物"，等等。虽然这一项可能不是严格意义上的家务，但是与人交往有时可能会有收支。我一直都会记录，把它作为一项重要的家务来看待。

家务

(每日家务)

早间家务　　　　基础家务　　　　晚间家务

(每周家务)

周一——周日

(每月家务)

(季节家务)

1—12 月

(天气家务)

晴天　　　　　　多云　　　　　　雨天

(向往的家务(优先度低))

(照顾家人)

(人情往来)

每日家务

首先来了解每天都要做的基本家务

每日家务，指的是每天必须要做的家务。经过思考安排，列出一个每天只要做完这些就可以的清单。

以前的我总是在没有把握好家务总量的情况下就开始行动了。由于不知道必须要做的家务，我总是把自己想做的家务、今天不做也可以的家务，比如清扫空调等急迫性较低的家务放在前面做，以至于因为时间不足而把一些家务推迟到第二天。这让我陷入了一个恶性循环，每天都有越来越多的事情要做，怎么也完不成。

每日家务可以分为"早间家务""基础家务"和"晚间家务"3 种。比如早上时铺床时只要把被子收拾一下，使其变成干净松软的样子即可。睡觉之前如果可以做一些"归位整理"，把书或者遥控器放到日常的位置，就可以在第二天早上免去一些小麻烦。每一件家务都有其适合的时间段。

了解每天要做的所有家务。在达到熟练之前，可以看笔记，制作检查清单。如果能全部记下来那就再好不过了。已经记下来的家务不需要在"日程表"中写得十分详细，全部做好之后盖上印章就完成了。

家务明细表

把每天的家务根据时间划分汇总

早间家务

早上做的家务，或者说是想在早上结束的家务。如果有工作的话就是上班之前的时间，休息日的话就到 10 点之前，大概安排一下这段时间的家务。

换气	铺床	照顾宠物、绿植
帮助家人装束打扮	准备早餐	早餐之后的整理
收拾厨房	送家人出门	

基础家务

每天必须要做的家务中，不挑时间的家务。根据当天的安排，在早中晚的任何合适的时间进行。

晾干衣物	收回、折叠晾晒衣物	熨烫衣物
打扫洗脸台	擦镜子	更换毛巾
打开吸尘器	打扫玄关	除尘
收集垃圾	记录家庭收支	购物

晚间家务

晚上做的家务，或者说是睡前想要完成的家务。从睡觉的时间开始逆推，安排家务。

准备晚饭	大致准备明天的早餐	晚餐后的整理
打扫洗澡间	收拾整理客厅	整理玄关
打扫盥洗室	确认门窗是否锁好	确认煤气开关

每周家务（七色家务）

根据每周七天的不同特点感受家务的乐趣

每周家务指的是每周做一次，在特定的日子进行的家务。

我把每周家务叫作"七色家务"，这是受到了中山庸子的著作《中山庸子的"梦生活笔记" —— 小心思大生活》的启发。

根据每周当中每一天的不同特点安排家务。比如在周一就安排召唤幸运的家务——打扫玄关，每周二就安排有火之处的家务——打扫厨房，等等。

重点是，不要安排过多。每周挑出一天作为"预备日"。由于时间冲突或身体不舒服而没能完成的七色家务，可以在预备日那天补上。这样还能留出空余的时间。

手账中的"日程表"使用了填涂的形式。把完成部分的空格涂满，会收获满满的成就感。而且，没有涂满的部分也不浪费，有较多空白的日期，可能是比较忙的时候。这就可以帮助自己找出无法完成任务的原因，并提醒你是否应该减少任务量，或重新安排任务内容，等等。

家务明细表

我家的七色家务，也请你试着思考一下自己的每周家务

周一

召唤幸运的家务

打扫玄关的水泥地

整理鞋柜

擦门

周二

有火之处的家务

打扫厨房各处

（冰箱、微波炉、架子）

打扫煤气炉四周

周三

有水之处的家务

打扫洗脸台

擦拭镜子

打扫卫生间

周四

与木头相关的家务

保养家具

擦地板

打扫橱柜内部

周五

与金钱和家电相关的家务

记录家庭收支

保养家电

（空调、风扇、干燥机等）

周六

预备日

解决没有完成的

七色家务

周日

使明天更愉快的家务

整理化妆品和整理

护肤品

整理出门携带的小东西

每月家务

把容易忘记的家务安排在每月的固定日期

每月家务，指的是在每个月的固定日期要做的家务。把每个月中容易被忘记的家务分配到某一天。

比如，把每个月的 8 号定为"牙刷更换日"的同时，也安排购买新牙刷的家务。此外，对于厨房海绵、隐形眼镜盒、净水器滤芯这种每隔一个月或几个月需要更换的物品来说，这也是一个便于提醒更换新物品的办法。对于容易忘记的区域的打扫清洁同样如此。

我把每个月的家事手账完善日也安排在家务计划中。比如，我会把每个月的 28 号定为"日程表"制作日，这样下个月就不会发生家务拖延的情况。每个月 5 号，我会检查"人情往来"这一页，记下可以作为小礼物的东西，并确认这一个月当中是否有忘记记录的东西。

某一天没能完成的家务，我会规定自己必须在一周之内完成。否则家务就会被拖延到下个月。即使是这样也无法完成的话，可能是家务的安排方式不太合理。不妨把打扫鞋柜分解成把鞋拿出来和擦拭柜子两种简单的家务，然后再挑战一下。

每月
家务

家务明细表

把容易忘记的小家务像这样写进日历中

1	2	3	4	5
更换厨房海绵	清洁电话 检查干货存储	（奇数月） 更换净水器滤芯 （偶数月） 更换隐形眼镜盒	挪动大件家具 打扫	完善喜事记录

6	7	8	9	10
仔细地打扫 （蹲在地板上检 查脏污）	清洁断路器外盖	更换牙刷	去除杯中的茶垢	清洁马桶水箱

11	12	13	14	15
整理家中的袋装 真空熟食 完善日用品清单	检查容易混乱的 地方	思考菜单和想做的 食品	清洁遥控器	清洗洗碗池

16	17	18	19	20
更换厨房海绵	清洁冰箱	清扫照明设备	清理烧水壶	检查冰箱的缝隙

21	22	23	24	25
检查除臭剂是否 减少	清洁刷子、梳子	整理传单、便签	整理重要文件	清洁浴室窗框

26	27	28		
清扫家具和门的 死角处	清洁浴室天花板	制作下个月的"日 程表"		

29	30	31		
打扫鞋柜	微波炉集中清洁	预备日		

季节家务

了解根据季节而变化的家务

季节家务有两种。一种是根据春夏秋冬四季安排的家务，以及已经决定了具体操作时间的"x月进行"的家务。

比如根据春夏秋冬四季安排的家务。春天为了应对花粉症，要对窗帘进行清洗，并常备口罩、眼药水。

另一种是当月要提前做的事情，比如6月要考虑应对梅雨季，9月整理风铃，11月准备贺年卡片，等等。

在写家事手账的"日程表"时，请参照"季节家务清单"（见第35页），选出当月要做的事情写在日程表最下方的6个空白处。

那么我们试着考虑一下6月的"季节家务"吧。在"向往的家务"一栏写上"腌梅子"，在"人情往来"一栏中写上"开始准备暑期问候"。在"打扫维护"一栏写上"勤通风""清洗春季衣物"。

当在清单中写上"更换橱柜防虫剂""防蚊虫"时，就相应地在购物栏中加入"防虫剂、蚊香、止痒剂"，等等。这样，所有的家务都可以一目了然。

每季家务

家务明细表

季节家务的一个示例，每个家庭的重要家务有所不同

春季家务

3月
3月准备春分事宜（人情往来）
女儿节后的清理
清洗冬季衣物
准备开学贺礼（人情往来）

4月
赏花会（向往的家务）
商量母亲节礼物（人情往来）
商量黄金周的安排

5月
准备帽子和遮阳伞
准备母亲节礼物（人情往来）
准备新茶（向往的家务）

梅雨时节
修理雨具
商量重新制作雨具
用完家里的干货

其他
整个春天对付花粉（仔细清洗窗帘）
沙尘对策（仔细打扫窗玻璃、纱窗）

秋季家务

9月
清洗夏季衣物
整理收拾夏季寝具
整理收拾夏季小物（风铃、风扇等）
检查防灾用品
拿出秋冬的衣物
准备赏月（向往的家务）

10月
准备万圣节事宜（向往的家务）
整理收起夏季鞋

11月
拿出取暖设备
拿出围巾和手套
商量贺年卡片相关事宜（人情往来）

其他
整个秋天晾晒、通风
修理取暖设备

夏季家务

6月
随时修理雨具
腌梅子（向往的家务）
准备父亲节礼物（人情往来）
清洗春季衣物
拿出夏季衣物
更换橱柜里的防虫剂
开始准备暑期问候（人情往来）

7月
练习穿夏季和服（向往的家务）
寄出中元节礼物（人情往来）
拿出帘子和风铃（向往的家务）
进行暑期问候（人情往来）

8月
进行夏末问候（人情往来）
准备盂兰盆节事宜

其他
整个夏天随时修理风扇
清洁空调
仔细打扫纱窗

冬季家务

12月
准备来年使用的新钱（人情往来）
送出贺年卡片（人情往来）
准备圣诞节（向往的家务）
准备正月用品

1月
制作七草粥（向往的家务）
收拾正月装饰物
整理贺年卡片（人情往来）

2月
准备立春事宜（向往的家务）
准备情人节事宜（向往的家务）
准备情人巧克力的答礼（人情往来）
准备女儿节（向往的家务）
准备裁缝工具、针线（向往的家务）

其他
整个冬天打扫取暖设备
去除窗户上的霜花（并思考应对方法）
修理加湿器

— 035 —

天气家务

根据不同天气想做的家务也有所变化

天气家务，指的是想要在特定的天气里做的家务。

平常窗户、纱窗和窗帘要是脏了的话会令人十分不舒服。想要打扫、清洗，但由于没有时间或是天气不好等原因，总是找不到合适的时机。

在我家，晴天时会清洗蕾丝窗帘，雨后或小雨天会打扫窗户和阳台，阴天时会清洁纱窗、清洗遮光窗帘。

通常洗过的窗帘都会挂在杆子上晾干，但由于我家只有一个房间，所以晒窗帘会使整个房间变暗。因此，我会在晴天清洗蕾丝窗帘，遮光窗帘放在阴天或雨天清洗，这样就避免了明明是个大晴天，却要拉上窗帘开着灯，很不舒服的情况。

在手账的"日程表"的"天气家务"一栏中，我把空格按周分开，每一处写上两个天气家务。比如第一周的天气家务是，晴天洗窗帘、阴天擦窗户。

向往的家务

腌梅子、做味噌酱……这些家务充满了吸引力！

向往的家务，指的不是必须要做的家务，而是能做的话会更好，能够使人感到舒心的家务。比如腌梅子、做味噌酱、打理家庭菜园、做点心等，还有根据季节举行的传统仪式活动。

过去家里乱七八糟的时候，我最想做的就是向往的家务，仿佛做了这些家务，就能有一种我在认真生活的感觉。在家务做不完的时候，稍微做一些这类家务能提升干劲，这是生活中的一剂调味料。但是，如果总把这些家务优先于每日基础家务来做的话，那就是本末倒置了。

首先把每天、每周、每月的基础家务顺利地完成之后，生活节奏稳定时，再开始一点点地做这类向往的家务。因此，这种家务也算是一种"奖励"，它是你完成了所有应该做的家务，并且还有余力的证明。"日程表"中有"向往的家务"专用栏，想试着做一做的家务就可以写在这里。即使做不完也没关系，无须感到压力。

照顾家人

把照顾家人也当作一项家务

照顾家人，是为家人而做的家务。除了照顾孩子、丈夫、父母之外，照看植物和宠物也包含在其中。

在我家，需要照顾的有丈夫、孩子（婴儿）和两只猫，这占据了家务的很大部分。

想必有很多人都认为育儿和照顾家人不属于家务吧。但是，这正是家务的重点所在。试着写出来，就能够明白日常该如何照顾家人，以及一天的家务总量是多少。

照顾家人的家务，分为每天都要做的常规家务和非常规家务。

常规家务包括给孩子换尿布、哺乳、辅导功课、打扫宠物排泄物等。

非常规家务包括预防接种、接送孩子上下学，在照顾父母这方面还包括和护理员的交流和接送父母去医院等。

关于这类非常规家务，可以写在家事手账的"日程表"的"照顾家人"一栏中，这样就不会被忘记，如果需要提前做准备也可以顺利完成。

家务明细表

::

试着整理出你家重要的"照顾家人"的家务吧

丈夫

| 做便当 | 洗衣服 | 熨烫 |

婴儿

换尿布	哺乳、喂牛奶	补充尿布
煮奶瓶	预防接种	上幼儿园前的准备
洗澡	玩耍	

幼儿

玩耍	智力训练	刷牙
保育园、幼儿园准备	做便当	洗澡
预防接种		

小学生

纠正读音	检查联系人清单	检查时间分配
检查作业	准备、清洗体操服、进餐服	
智力训练	送孩子上下学	

父母

帮助购物	帮助做家务	帮助进餐
接送住院出院	和护理员交流	
送去日间治疗和日间护理		

宠物

| 清理排泄物 | 购买食物 | 散步 |

第八类

人情往来

人情往来也是一项重要的家庭事务

人情往来指的是与人们之间的交流往来相关的家务。提前做好记录的话，在紧急时刻就不会感到困扰。由于这项家务多与金钱有关，所以也要做好家庭账目的管理。总之，只要做好记录就不会有疏漏。

●婚丧嫁娶

准备参加婚礼时，要准备红包、新钱。还要准备宴会礼服，无法到场参加时要送去祝福，等等。你会发现，需要准备的东西特别多。除此之外，还有生产的祝福、参加葬礼的准备等。

●问候

要准备暑期问候、贺年卡片、搬家问候，还要记录谁家有新的家庭成员、住所，随时补充便签。

●赠礼回礼

要准备节日礼物、岁末礼物、生日礼物，还要准备感谢信。根据需要写入"日程表"的"人情往来"一栏中。可以把相关的信息记录在"备忘录"的"人情往来"中，必要的时候可以查看。

家务明细表

根据亲戚、朋友的数量，以及感情深度的不同，内容有所变化

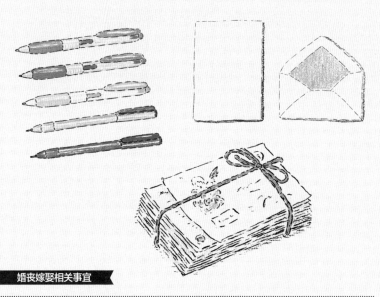

婚丧嫁娶相关事宜

红包、悼念信封的准备和记录	准备新钱
祝福的商讨、准备、发送	答礼的商讨、准备、赠送（家庭内部的庆祝）
整理礼服	

问候

准备贺年卡片	准备暑期问候
整理收到的明信片、信件	整理住所目录

除婚丧嫁娶以外的赠礼答礼

节日、年末	记录赠礼答礼
压岁钱	记录收到的压岁钱
生日祝福	伴手礼

专栏 1
整理收拾的 5 个基本步骤

我所用的整理收拾的方法可以切实体会到整理收拾的效果，
即使途中停下来也不会混乱。

3 年前我的家就像一个垃圾场。当然，我一直都在尝试挑战收拾整理。

有一段时间我想在几天之内把家里的所有东西收拾完毕，还有一段时间我每天一点点地收拾。但是，不管我怎么收拾，都没有效果。

一下子把收纳箱全部腾空，虽然感觉很爽，但是东西散乱一地，又让我感到无比烦躁。一点点地收拾虽然很轻松，但是，很快就厌烦了。

我想到了，既能让人有整理收拾的爽快感，又能在整理途中停止也不会混乱的方法。那就是"有退路的收拾法"。

即，如果不能在提前规定好的时间内完成目标计划的话，可以中途停止的方法。我们把收拾整理当作一场游戏，轻松地完成。

第 1 步：定规则

首先让我们从制定规则开始吧。

（要准备的东西→4 个箱子和 3 个垃圾袋。）

垃圾袋

把不要的东西装在里面。准备 3 个袋子，分别装可燃垃圾、不可燃垃圾和其他类垃圾

1 号箱：留物箱

把保留下来的物品全都放在这里。使用小号的箱子，这样即使是小东西也方便分类

2 号箱：保留箱

无法判断要还是不要的物品放在这里

3 号箱：丢弃方法不明箱

为了暂时保管不知道丢弃方法的物品的箱子

4 号箱：暂休箱

规定的时间快要用完时，没有完成分类的物品放在这里

决定要收拾哪个房间。推荐从卫生间、盥洗室、厨房等开始，因为这些房间里用品较多，很多东西会由于超过使用期限、过量等原因，更容易判断是否要扔掉。

规定做家务的时间限制。像是抽屉这样非常小的空间就设定 1 小时，像壁橱、橱柜这样的空间就设定 3 小时。

决定要整理房间里的具体位置。比如厨房的话就是水槽下的收纳空间，客厅的话就是电视柜的抽屉，等等，关键是要从这种小的地方开始。

第 2 步：整理物品

现在开始进入整理的步骤。

第 1 步的规则定好之后，把确定要整理的空间里的所有东西一次性全部取出。

每一件东西最多用 10 秒进行判断，把所有的东西一件一件过一遍，每一件在 10 秒以内判断要或不要。明确不要的东西应该立刻扔掉。对于稍微有些犹豫的东西，最多花费 10 秒思考。即便如此也不确定是否扔掉的暂时保留。

在 10 秒内就快速判断的话，有可能会把需要的东西也扔掉，但是如果花费 10 秒以上再判断的话，会让自己更加犹豫不决，从而造成家务停滞。以我自身的经验来判断，犹豫不决时，最佳的判断时间为 10 秒。

物品区分为 5 种类别。提前准备 4 个箱子和 1 个垃圾袋吧。我家使用的是 A4 纸大小的纸箱，因为它可以堆叠放置，所以即使在空间狭小的家里也不会占很多地方。

①垃圾袋装不要的东西。

②留物箱装想要留下来的东西。

③保留箱装花费 10 秒也无法判断要还是不要的东西。

④不要的东西基本上都是直接装进垃圾袋。在这些东西中可能会有不知道该如何丢弃的，比如 CD、电池、螺丝、钳子等。把这些东西暂时放在这个丢弃方法不明箱里，房间的整理结束时，集中查询这些东西的丢弃方法进行处理。

⑤限定时间要用完时，把还没有着手收拾的东西放进暂休箱里面。这是为了

COLUMN

防止出现家务突然中断而发生混乱的情况，作为退路而准备的箱子。

把还没有开始判断要或不要的东西放进了暂休箱。这与不知道扔或不扔而暂时保留物品的保留箱不同，要多加注意。

在收拾整理的过程中，容易让我们感到烦躁的原因之一就是所有的东西都被拿了出来，家里变得一片狼藉。但是，只要用对办法，家里就可以整整齐齐，直到重新开始收拾整理的那一天。重要的东西全都放在留物箱、保留箱和暂休箱其中之一，下次再开始做家务时，只要从这里面找东西就可以了。

重新开始收拾整理时把暂休箱中的东西全部拿出来。然后和上次一样，开始判断要或不要。再次确认保留箱里的东西。由于已经过了一段时间，所以或许能够做出判断了。如果还是无法决定的话，收拾完房间之后再次检查。如果还是犹豫的话，就下定决心扔掉吧。

收拾完一个既定的空间以后，在开始收拾下一个地方之前，把留物箱中的东西取出来，按照文具、书、资料、杂货等类别分开，暂时存放，等待决定收纳位置。此时，如果有收纳箱、空箱子、罐子等的收纳用品就更方便了。这一步做完之后，就可以再回到第 1 步决定具体要整理的位置了。

第 3 步：设定收纳试行期

房间的收拾整理完成之后，就进入了收纳的阶段。此时先不要忙着将物品固定位置，而是要先进行尝试，比如摆放在空架子上，或装进空箱子或空抽屉里。在尝试之后，你才会发现"这个不好用"或者"这两个搭配非常合适"。因为收纳的位置要和家人信息共享，所以试行期最少设定为两周。而且，把试行位置提前记录在"备忘录"中的话，之后就不必苦苦寻找。

第 4 步：决定收纳位置，使用收纳工具

收纳试行期结束之后，就把觉得方便的位置定为固定位置，然后就可以开始使用收纳工具了。此时尝试画一张"收纳地图"。

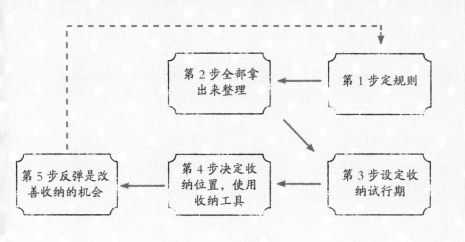

第5步：反弹是改善收纳的机会

反弹指的是已经收拾整齐的房间，再次变得散乱，无法保持井井有条的状态。

因为结婚、生孩子、孩子搬出去独立生活等各种事情，生活方式会随之发生改变，房间可能会恢复凌乱。但这种反弹正是这里的东西不好用或东西变得太多了等事情的信号。在发生反弹时，记录哪里乱，什么东西乱，怎么会乱，然后按照第 1 步到第 4 步的流程，再次进行整理吧。

"有退路的收拾法"，指的是为了避免因整理中途停止房间出现散乱的情况，而准备暂休箱作为退路的方法。而且，这个暂休箱在房间的收拾整理结束之后，也有很大的用处。比如在家里有很多来客时，或者什么任务中断时，都能够用到。

专栏 2
有关家务的问与答

下面解答一下大家在博客留言中提到的烦恼。希望能为大家提供帮助。

A：没有干劲的时候（1）整理自己的衣冠仪容（比如戴上围裙，扎起头发）。（2）改变环境（换气或调节温度）。（3）做一些不一样的事情会使你更容易开始行动，比如播放快节奏的音乐等。此外，制定小目标也十分有效，比如只做这一个或只做一分钟等。

Q1

没有干劲的时候怎么办？

Q2

生病了也必须做家务吗？

A：判断身体是特别难受还是有点不舒服，事先定好在这个时候能做什么家务，能做到什么程度。在我犯偏头痛需要长时间休息时，除了照顾猫和育儿之外，其他家务全部放弃。身体有点不舒服但还能行动时，我会做清洁，但餐食方面，我就会买一些小吃。

A：我的顺序是（1）育儿、宠物等与生命有关的事情。（2）今天必须要做的事情。（3）当天可以迅速结束的事情。每个家庭的卫生观念和生活方式都不同，按照自己的生活方式规划家务即可。

Q3

不知道该怎么安排先后顺序，经常陷入混乱。怎么办？

Q4

不知道收拾整理的目标，怎么办？

A：我听说即使是整理收纳顾问，也不能够一直保持家中的完美与整洁。而我认为每一件东西都有其固定的位置，即使一时混乱也能恢复原样。至于恢复原样的时间，我大概定为 20 分钟，不过要根据房间的大小和人数做出调整。

A：在我家里，99% 的家务和育儿都是我的工作，余下的 1% 是先生扔垃圾。只有我把垃圾全部整理好放在玄关，先生才会顺便带出去，如果我不做到这一步的话，先生就会潇洒地走出家门了。换个角度说，只要眼前的家务处于立刻就能完成的状态，或做法简单状态，家人就会提供帮助。

Q5
家人总是把家里弄得乱七八糟。怎样才能让他们帮助我呢？

Q6
写笔记太麻烦了！还有其他好办法吗？

A：我觉得，终极的家务清单的形式是背诵。如果把一天的时间分配和家务流程装入脑中的话，什么也不用看、不用准备就可以开始行动了。我只是设法记住了"每日家务"。首先写出家务内容，然后把它排列成更容易上手的顺序。

A：家务是永远做不完的。如果没有成就感的话，干劲也不会太高吧。所以，我会去找做完了的事。比如擦完了桌子、铺好了床等，即使是一些小事，一件一件数出来的话，应该也会激励自己完成更多的事。我认为，表扬自己是愉快做家务的起点。

Q7
无论怎么做也体会不到成就感。是怎么回事？

Q8
有没有方法能让自己喜欢上做原本讨厌、不擅长的家务？

A：虽然有句俗话叫"爱好生巧匠"，但反之亦然。讨厌家务的原因可能是"做不好"。这么想的话就会有很多对策，比如查找做法、买好用的清洗剂和物品等。我也是在能做好之后，才不讨厌打扫浴室这件事的。

A：如果能事先想好菜单最好不过，但是为了不在紧急采购时还被菜单困扰，要提前做好一组菜单。例如"吃汉堡的日子准备土豆沙拉、凉拌萝卜、生菜和汤"等。此外，如果有每日饮食提示表的话，就可以决定每天的菜单了。

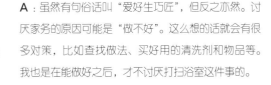

Q9
我做不到一边想菜单一边购物怎么办？

第 3 章

在家事手账中做好备忘录

你是不是每天都在找东西、查询信息?

思考的明明只是菜单和购物

却花费了大量的时间?

"备忘录"是汇总了我家所有信息的记录

收纳地图

与家人共享家中的收纳信息

这是我去京都参加朋友的婚礼时发生的事情。我慌慌张张地把家里的事托付给先生之后，马上就出发了，结果，身在京都的我不断收到先生询问家中物品的存放地的信息。相信有人与我有同样的经历。从这件事中我得出的经验就是制作"收纳地图"。这种地图是为了与家人共享家中的收纳空间信息。

● 收纳地图（鸟的视角）

像鸟一样从上往下看的俯视图。做出整个房间的简图，画上收纳家具。分别按照房间、各处收纳空间标注字母。

● 收纳地图（猫的视角）

像猫一样在地面上看的平视图。画出收纳家具的简图（或用照片），并简单记录门后或抽屉中放入了什么东西。

● 收纳地图的使用方法

以"猫的视角"找东西时，确认标注的字母，通过"鸟的视角"确认场所。这样找东西，会比打开收纳工具寻找要迅速。还可以使用各处收纳空间的记号，来制作"备忘录"。

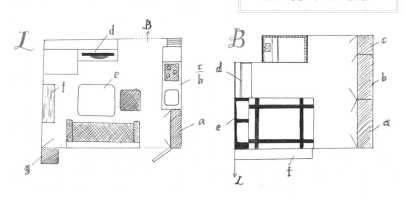

收纳地图（鸟的视角）

収纳地图（猫的视角）

方便面 意面酱 塑料袋 烹调 干货
　　　　　　　　　用具

猫粮
便利店餐具一类
油性笔和彩色胶带

粉状物
香辛料
调味料

切菜板
（柜门内侧）

烹调用具
（汤勺等）

洗涤剂、海绵
等替换物

锅

调味料

米
电饭锅

碗、笊篱

茶　储存罐头 包装纸等 奶粉

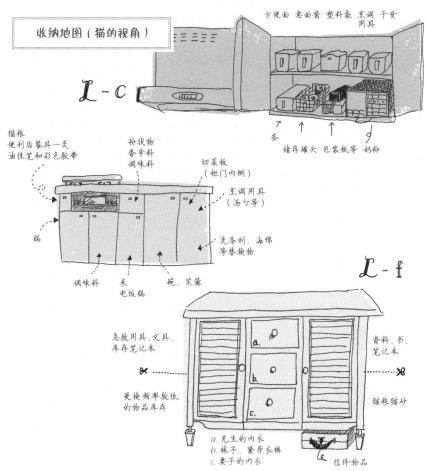

急救用具、文具、
库存笔记本

更换频率较低
的物品库存

资料、书、
笔记本

猫粮猫砂

a.先生的内衣
b.袜子、紧身衣裤
c.妻子的内衣

信件物品

那东西在哪？备忘录

扔掉了？换地方了？改变物品位置时做好记录吧

有一天早上，先生对我说："我今天要带护照。"我找了许久却没找到。这时我想起，前些日子我觉得护照所在的位置取用不便，于是改变了它的固定位置，但是我却想不起来放在哪里了。收纳根据生活方式的变更而发生变化，当觉得当前物品收纳的位置不好用的时候有必要改变其位置。但是，"我把什么放在哪了？""那个东西扔了吗？"等，我总是忘记物品收纳位置的变化，甚至不记得物品是否处理掉了。因此，我制作了"那东西在哪？备忘录"。

"那东西在哪？备忘录"是物品的固定位置改变或被扔掉时所做的记录。即使忘记了物品放在哪了，只要看了这个记录就能立刻想起来。

● **"那东西在哪？备忘录"的制作方法**

按照时间顺序记录，要点是使用 3 类记号。

(扔) 记录扔掉的东西。

(变) 记录物品收纳位置的变化。

□ 之后要做的事情也记在这里。与"收纳地图"的记号结合使用。

那东西在哪?
备忘录

㧡 扔掉的东西

变 变更位置

□ 去做

待办检查日为每月 12 日

2016

Ⅶ·26

8·31

体重计、盥洗室 → ㇄-E 右下方的下面

整理 ㇄-H（厨房：第 1 阶）

㧡 兔子玩偶、旗子手柄部的布手巾

变 8 成腾空

　　用作暂休箱

☑ 检查温度计故障

9·1

由于突然来客而隐藏的事情

整理完之后画上 ☑

☑ 收到的瓦楞纸箱 ×2 → 卧室

☑ 衣服、篮筐　　→ B-a

□ 移动书房

□ 教科书　　　}→㇄g

□ 瓦楞纸箱　→ ㇂㇆ →㇄-g

9·2

厨房前的银行用纸箱

变 试着用作垃圾分类箱。

—— 055 ——

我家的收纳大公开

为了掩盖我家一居室的狭窄感，使用了很多便利工具。

壁挂收纳

在这里向各位推荐壁挂收纳，使用它可以轻松实现可视化收纳。收纳购物卡、外出时携带物品等，使用时可以免去寻找的麻烦。

伸缩棒

这是收纳的基本商品，推荐给为像我家这样的狭小的室内空间烦恼的人们。只要学会使用伸缩棒，就可以不用再在地板上堆放东西，实现"空中收纳"。不必搬动物品，打扫也可以顺利进行。

书形盒子

这是外形为书本的收纳盒。这款收纳盒设计感十足。笔或便签等文具都可以收纳。如果要收纳大型物品的话就推荐使用时髦的大皮箱。

我家的日用品清单

对家里经常买的日用品进行清单管理

为了摆脱脏乱的房间，我做的第一件事就是，整理厨房和卫生间里大量的库存日用品。于是，从厨房里我整理出了很多已过保质期的干货和香辛料，从卫生间里整理出了很多品牌的洗发水。我曾经由于日用品种类不确定，想不起商品名称，还有忘记自己已经买过等原因，有过度购物的坏习惯。因此我制作了"我家的日用品清单"。

●按照目录逐一思考

厨房的日用品清单包括调味料、干货等，要按照目录逐一思考。不仅要写上制作厂家，最好把型号也写上，这样使用时会十分方便。

●其他用品根据两条轴线考虑

关于其他的用品，首先根据场所来考虑。其次，如果是个人物品，就看"是谁的东西？（所有者）"，如果是共用物品，就考虑"什么时候使用？（用途）"，这样就不会有遗漏。

●将做出的清单输入手机

这个清单不仅要存于家事手账中，同时也要以照片或数据的形式存到手机里，这样即使外出也不会不知所措，可以减少过度购物。

除了品牌，味道、容量、尺寸等信息也要提前记录。

罐头	香辛料	粉类、干货	调味料
金枪鱼罐头、玉米罐头、贝类罐头、什锦水果罐头、番茄罐头	香芹菜、红辣椒粉、小茴香、肉豆蔻、三味香辛料、蒜末、月桂树叶、藏红花	面粉、面包粉、糯米粉、粉末黑糖、大豆粉、什锦烧粉、粉丝、小麦粉、海带、干香菇、切糕、海苔、韩国海苔、天妇罗面衣渣	盐、胡椒、粗磨黑胡椒、甜菜糖、细砂糖、醋（纯米醋）、苹果醋、料酒、淡酱油、浓酱油（过滤榨出）、凉面蘸料、沙拉油、橄榄油、海鲜酱、芝麻油、固体汤料、番茄酱、蛋黄酱、味噌（白）、橙汁、黄油、芥末、豆瓣酱、辣椒酱、姜末、蒜末、甜面酱、芥末粒、白葡萄酒、红葡萄酒、颗粒日式调味汁、炼乳

冷冻食品	速食品	饮料	
炸虾、饺子、迷你美式热狗、冷冻乌冬、什锦炒饭、虾肉烩饭	乌冬杯面、意面、意面酱、金枪鱼蛋黄酱、咸鳕鱼子、肉糜鲑、挂面、鱼粉拌紫菜、拉面（豚骨拉面）、肉豆腐、咖喱块（咖喱粉）、炖菜	牛奶可可、焙茶、糙米茶、茉莉花茶、麦茶、路易波士茶、红茶（阿萨姆）	

扫除、清洗剂	经常用的东西（日式）	经常用的东西（西式）	烹调用品
清洗剂（除菌）、洗手皂、去污粉、控水网、海绵、净水器滤芯	裙带菜、拌海发菜醋、纳豆、咸鲑鱼子、绢豆腐、木棉豆腐、魔芋粉、魔芋丝、蟹味鱼糕	熏猪肉、火腿、奶酪、切德干酪、比萨用奶酪、人造黄油、草莓酱、花生酱、格兰诺拉麦片、酸奶、干果、坚果类	保鲜膜（3包）、铝箔、切菜板、厨房纸、塑料手套、保鲜袋

消耗品清单

	卫生间	盥洗室、浴室	起居室	卧室	其他
丈夫		发胶（硬性）、发蜡、剃须啫喱、剃须刀替换刀片、隐形眼镜	黑棉棒		镇痛剂、除菌喷雾报纸（雨天用）
妻子	生理用品	化妆水、眼部化妆品、脱毛剂、卸妆水、化妆棉、隐形眼镜	白棉棒、护手霜、染眉膏、粉底（102号色）、眼影（2号色）、唇彩（橘色）	蒸汽眼罩、卸妆纸	湿布、抗菌眼药水、口腔炎症擦剂
女儿		婴儿用清洗剂、婴儿用沐浴露	奶粉、乳液、婴儿用棉棒	尿布（L）、婴儿湿巾、袋（防臭袋）	奶瓶、奶瓶刷两种
猫	猫砂（可以用马桶冲走的木制猫砂）、防臭袋		湿食（柔软的烤鸡肉）、干食		玩偶、磨爪器

共用物品

	卫生间	盥洗室、浴室	起居室	卧室	其他
扫除	刷子、卫生间扫除用清洗剂、卫生间清洁纸	柠檬酸（330 g）、小苏打（1 kg实惠装）	湿巾、密胺海绵	地毯清洁剂	
仪容仪表		治疗用洗发水（玫瑰味、山茶味）、洗面奶、沐浴露（清爽型）、接触性清洗液			
写作		笔（油性笔，极细）	生活笔记、记录本、笔（细黑）、笔（0.7 mm）		
其他	除臭剂、手纸	纸巾、消毒液、清洗剂（啫喱）、软化剂	湿纸巾（绿/黑）、护创膏、蚊虫叮咬药、垃圾袋、除臭剂		包装式胶带、除臭剂、橡胶胶带（布）

电池清单、器具说明书

事先做足准备，防止失败购物

为了省去购物时的麻烦，我将各种物品进行清单化管理。"电池清单"记录了家中所用电池的各个种类。比如"7 号电池→空调遥控器（2 节）"这样记录空调遥控器所用电池型号及数量。

虽然电池是每年汇总购买一次，但只要有了电池清单，就可以了解各种电池的用量，也能了解一年中电池的购买数量，不会发生购买过多的情况。

此外，提前汇总"器具说明书"，除了所用器具的型号，还能了解使用时的注意事项。

有一次我想买一个储存容器。由于不知道型号，我查阅了品牌官网主页，突然发现它不能放在微波炉里使用。原来我以前一直在进行不规范的操作。想买新的器具时，要提前了解其型号和使用时的注意事项。如果嫌太麻烦的话也可以直接把说明书贴在手账上。

只需做好准备，就可以不用每次使用时都去查询，也可以防止买错。而且，使用时如果操作不规范往往容易引起事故，汇总"器具使用说明书"也可以避免这个风险。

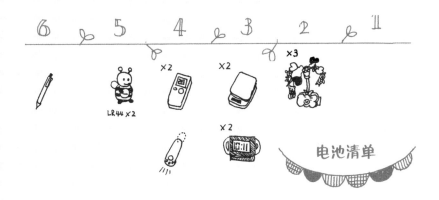

6　5　4　3　2　1

LR44 ×2　　×2　×2　　×3

×2

电池清单

器具说明书

使用方法正确可以用得更久，
再次购买时也简单轻松

记录内容

可以的情况用 "○" / 不可以的情况用 "X"

直：直火加热　　　开：打开　　冷：冷冻
洗：洗碗机　　　　微：微波炉

　　　　　　　↳ 不可用时加上 "！"

厂家名和型号等

陶瓷烤碗

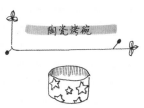

直X　开○　冷？
洗○　微○

野田搪瓷托盘　正方形
纯白系列

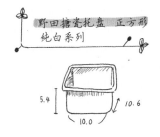

5.4　　　10.6
10.0

怡万家耐热玻璃碗
2.5L

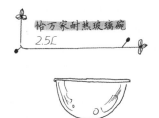

直　开○　冷○
洗○　微○

野田搪瓷托盘　长方形
深型纯白系列

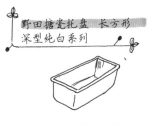

直○　开○　冷○
洗？　微X！

盒子清单、愿望清单

防止冲动购物，以免买了后悔

我曾经有下班之后去逛百元店的习惯，经常会买一些收纳盒。由于总是直接购买不考虑其用途，使用的时候总会发现，要么尺寸不合适，要么就是已经买过的东西，只是型号不同，等等。而"盒子清单"，就是一份对家中使用的收纳盒的尺寸和型号的记录。提前做出这个清单，购物的时候就会方便很多。错买的盒子也不用扔，记入清单当中，保管在收纳物品专用箱里。在收纳发生变化时完全可以另作他用。

在收拾整理的过程中，你会发现一些不知道当初为什么会买的东西。还会对此感到后悔。

"愿望清单"记录的是你想要的东西的信息和想要它的理由。

让自己能够仔细考虑是不是真的想要它，从而避免冲动购物；为了让自己买完之后不会感到后悔，买之前先货比三家，特别要注意的是那些负面评论。这是制作这个清单的目的。

避免错买的方法就是事先查询。仔细考虑之后再行购买，就会大大减少冲动购物。

盒子清单

记录内容：收纳物品
1 在哪里买的?
2 商品名称和型号
3 尺寸（※尺寸为大致长度）

大创
冰箱透明托盘

大创
玫瑰包装纸 A4 白色
（A-073 / NO.241）

大创
13 × 21 × 4（※）

※收到的书形盒子
16.5 × 12 × 4（※）

大创
11 × 10 × 5.5（※）

愿望清单

记录内容：
想要的理由
价格、尺寸、颜色、收纳空间
其他使用方法、丢弃方法、评价（缺点）

◇ **半袖连衣童装**

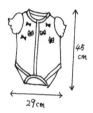

45 cm
29cm

饰满丝带的前开口半袖连衣童装（700 日元）
★即使是 80 的尺寸也已经变得窄小了，前开口的样式更容易穿
颜色：粉色 / 米黄色 / 薄荷绿
尺码：60~90
材质：罗纹 100% 棉
品牌：chuckle
→ 4个月：稍有余裕

◇ **（房间内穿）长袖套裤**

23.5cm
26.5cm

★秋冬的日常穿着
吸湿发热维勒夫特纤维睡衣
长袖套裤（1900 日元）
颜色：灰色 / 粉色 / 米色
尺码：60~80
材质：70% 棉、30% 人造纤维

衣物记录

了解现有衣物的数量和家人喜好！

减少衣服的方法有 3 种，分别是了解适合自己的衣物、了解喜欢的衣物和掌握家里所有衣物的数量。

了解适合自己的衣物的捷径就是参考自己的骨架大小和体型特征。也可以把登载在杂志上自己不喜欢的搭配裁剪下来，通过这种删减法了解自己的喜好。

通过制作"衣物记录"，就可以把握自己适合的衣物种类、自己喜欢的衣物，以及家中所有衣物的总数。

首先是记录家里所有的衣物。按照上装、下装等目录汇总自己的所有衣物。分为温暖期和寒冷期两个大类的话会更方便。我使用插图来记录。如果大家感觉很麻烦的话，也可以记录衣物的颜色和品牌，或拍照片贴上去。按照季节查阅记录，扔掉了的衣物就画上"×"，并写上扔掉的理由。不断重复这个过程，了解丢弃的理由，就总能够找出"不合适""不喜欢"的衣物的共同点。

"衣物记录"不仅仅是用来管理衣物的数量的，还可以用来分析自己对衣物的喜好。

衣物笔记

太紧了　洗衣失败衣服缩水了

看起来太胖了

孕妇服装

Pu. Ac

包

鞋

鞋底变薄了

怎么做：
- 定数管理
- 西服研究（自己的喜好、适合类型、丢弃原因）
- 西服备忘录（清洗方法）

衣服笔记（西装）
- 温暖期
- 寒冷期
- 配饰

账号清单

推荐给经常使用网络服务的读者

回忆密码总是占去了我日常的大量时间。

"账号清单"就是为了消除这样的事情而做的。根据每个邮箱地址汇总网站名称和 ID 信息。这样也可以把用家人的邮箱地址所登录的各个网站都记录下来。

按照字母的顺序记录便于查找，留出的空白多一些，方便使用便签替换。密码能够记下来，所以不写入手账。

当今时代做什么都需要登录。提前做好记录就能够轻松无压力。

账户清单

	rincanekoneko@ yahoo.co.jp	Rinka.sanjo.366@ gmail.com	barofukabarofuka@ yahoo.co.jp
A	网店 A 印象笔记	Instagram rinca_fukafuka	Instagram barobarobarobaro
B	红茶网店 送货上门服务		
C	便利店 S 打印服务 网店 Z	整理收纳顾问 SNS	网店 Z

密码的设置方法

虽然密码根据使用服务的不同一直在变化，但是记住密码的方法很方便。只需要制作如下的规律表，就不需要专门记录密码了。看起来虽然有些复杂，试着做一下会意外地发现很简单。

第 1 步 决定 3 部分的规律

参考下面的例子，从什么也不用看就能想起来的信息中挑出 2 组数字、每组 2 个数字，挑出 2 个英文字母组成密码

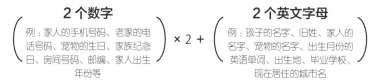

第 2 步 把服务名称和 3 部分有规律地组合起来

把服务名称和 3 部分规律组合起来，形成一个 8 字密码。

按照什么顺序都 OK。这些合计 8 个字。字母和数字可以选择前 2 个，也可以选择后 2 个。

第 3 步 规定更细致的密码设定规律

区别英文字母的大小写，会很方便。

● = 大写，• = 小写。

按照什么顺序都 OK。这些合计 8 个字。字母和数字可以选择前 2 个，也可以选择后 2 个。

第 4 步 看着这个表试着写一下密码吧

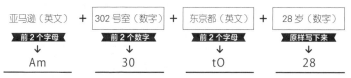

也就是说，只要记住服务名之外的信息，就能够简单地记住密码。

第 5 步 每年改变规则，一边看着账户清单一边整体变更密码。

必须要设置非 8 个字的密码时怎么办？

8 个字以下→使用以上规则到指定数字。8 个字以上→增加第 1 步的规律。

汇总紧急联络电话

紧要关头时总览紧急联系电话

本应该正在熟睡的女儿突然哭了起来。那种哭法至今为止都没有过，不管我做什么她都一直哭个不停。正在我束手无策时，她又开始呕吐。我第一次尝到了极度恐惧的滋味。

"紧急联络电话清单"就是为这种时候准备的，上面记录了各区的快速救援中心和急救医院的电话、地址，还有需携带的物品。提前汇总可以省去必要时刻的查询时间。

不仅要记录与生命相关的紧急联络电话，生活中的常用电话，如煤气公司、下水道管理处、管理公司等的联系方式也要记录。

此外，还可以把这个清单拍成照片保存到手机里，或者直接把电话号码存储到手机里。外出时自己或家人身体出问题时，或者忘记带钥匙进不去家门时这个清单都能提供帮助。即便如此，不管怎么准备，到了紧急关头，人还是会出现判断迟钝，无法从清单上读取必要信息的情况。所以，"紧急联络电话清单"的书写顺序尤为重要。在清单最上面的位置写上紧急度最高的、关系到生命安全的信息。

紧急联络电话清单

名称	电话	地址	备注
东京消防厅 快速救援中心	#7119		紧急时刻看这里!
24 小时电话 转接医疗机构 "XXXX"	00–0000–0000		
平日晚间急救医院 （儿科）	00–0000–0000	XX 区 XX X–X	※ 需要电话联络 ※ 受诊时携带物品： 健康保险证、婴儿医疗证 ※ 周一至周五 20 至 23 点
急救医院① XXX 综合医院	00–0000–0000	○○区○○ ○–○–○	※ 需要电话联络 告知姓名、年龄

我家的事情 3

给家人的留言板

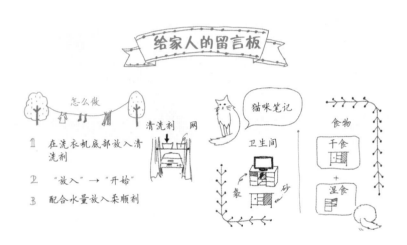

主妇不在家时也让家人安心

在我产前和产后的大约 2 周时间内，家里只有我妈妈和先生。这时我想到的就是"给家人的留言板"。虽然已经有了以物品位置信息共享为目的的"收纳地图"，我还是觉得有必要写一份"交接单"，告诉家人一些高频率使用的物品、一些家务和照顾猫咪等方面的信息。

把想要告诉家人的内容写成便签，用彩色胶带粘到手账中。需要用的时候只需要把便签揭下来，事先贴在醒目的位置和相关位置即可。用完之后放回到手账本中，今后再想要向家人传达信息时就不需要再次书写。

每日饮食提示表

从制作菜单的麻烦中解放出来!

大家每天做的家务中，最难决定的就是菜单了吧。

对我来说，思考与餐食相匹配的甜点是我不擅长的。我总是在网上查询怎样使用剩余的食材，这件事真的非常麻烦。

因而诞生了"每日饮食提示表"，这是一份总结了一周分量的菜单小提示。提示中我准备了 3 种模式的内容，分别是"面包、汤、鸡蛋料理"这样只写了提示的内容、"匈牙利风味鸡肉炖汤"这样写下固定菜单的内容和"牛肉丁盖浇饭和沙拉或西班牙海鲜饭和汤"这样有多个选择的内容。虽然固定菜单更方便，但是也容易令人心生厌倦。

此外再加上主菜和配菜，菜单就很容易确定了。

当然，对于擅长做饭的人和能迅速想出菜单的人来说，这个提示表没有必要。但是，如果工作太忙没有闲暇的话，请一定要试一试。因为不擅长做饭的我，有了这份提示表之后，生活真的变得轻松了。

我家的配菜菜单

	日式	法式、意式、西班牙式料理	中华料理、韩国料理、民族特色菜
红	拌迷你番茄 番茄	番茄奶酪烧 卡布里沙拉	番茄炒蛋 糖拌西红柿 什锦虾 泡菜
绿	海苔芹菜沙拉 裙带菜 大叶和奶酪干烧 小松菜和炸物的慢煮烤鱼 豇豆炒魔芋粉 鸭芹拌金枪鱼 柿子椒炒魔芋粉	凉拌卷心菜沙拉 凯撒沙拉 意大利面青酱风味章鱼土豆 俄罗斯沙拉	茼蒿拌青菜 粉丝黄瓜沙拉 豆苗和金枪鱼沙拉
黄	胡萝卜牛蒡 牛蒡蛋黄酱沙拉 凉拌蒸茄子 柠檬煮地瓜 煮鸡蛋	土豆沙拉 通心粉沙拉 凉拌胡萝卜 胡萝卜奶酪沙拉 鸡蛋沙拉 胡萝卜葡萄干沙拉	胡萝卜青菜 虾仁蛋黄酱

我家的主食、主菜菜单

	日式	法式、意式、西班牙式料理	中华料理、韩国料理、民族特色菜
主食	什锦饭、蔬菜饭、咸鲑鱼饭、纳豆饭、鸡蛋饭、粥杂煮、滑蛋鸡肉饭、天妇罗盖浇饭茶泡饭、肉乌冬、煮挂面	西班牙海鲜饭、杂烩饭、奶酪烤菜、多利安饭、炸丸子饭、虾肉烩饭意面 （肉酱、炭烧面、青酱意面、那不勒斯意面）	炒饭、盖浇饭、麻婆豆腐、天津饭、朝鲜盖浇饭、拉面
肉	土豆烧肉、红烧豆腐、肉末豆腐、红烧肉松、鸡肉肉松、干炸猪肉卷、炸鸡、照烧鸡肉	汉堡	饺子
鱼	盐烤鱼（青花鱼、多线鱼、清蒸白身鱼）、照烧鱼、烧鲑鱼	法式黄油烧鱼、鳕鱼配拉维果酱、意大利鲷鱼青口贝海鲜烩	不知道做什么的时候，只要看着这个表和菜单，只需"选择"便可想出菜单。

每日饮食提示表

	周一	周二	周三
早餐 需要准备的材料	任意决定 （日式） 鸡蛋 红绿味噌汤	任意决定 （西式） 鸡蛋 汤 水果	玉米片 （西式） 菜末汤 酸奶
餐食准备	味噌汤：3顿饭的量	汤：2顿饭的量	煮鸡蛋：2个
午餐	米饭 （中式） 豆腐海苔汤	意面 （西式） 沙拉 汤	拉面 （中式） 绿白
餐食准备			种类有日式、西式、中式、一锅料理
晚餐	什锦饭 （日式） 烧鱼 "白黑" 味噌汤	米饭 （日式）（西式） 肉菜 "红绿" 味噌汤	纯豆腐和凉拌青菜 （一锅） 牛肉洋葱盖浇饭或咖喱、沙拉 什锦火锅和"红黄" 汤菜和"红黄"
餐食准备	汤的准备	汤的准备	红黄：3顿饭的量
明天 √检查 √准备 为了明天使用，确认库存、采购必要的东西	水果 蔬菜（汤/沙拉） 意面和酱汁 肉 鸡蛋	玉米片 酸奶 鸡蛋 拉面	纳豆或咸鱼子 芹菜 菌类 羊角面包 红、黄、绿等为配菜的颜色，是从我的菜单集中选择的

一锅料理

纯豆腐
牛肉洋葱盖浇饭
奶油炖菜
涮牛肉
猪肉汤
什锦火锅
黄油咖喱鸡

日式料理配料

芝麻＋蛋黄酱
梅干
芥末＋蛋黄酱
橙汁
萝卜泥＋生姜泥
农家干酪
糖醋酱
凉面酱＋蛋黄酱
紫苏粉＋蛋黄酱

汤类

日式	西式	中式
鸡肉丸子汤 秋葵豆腐汤 清鲜汤 日式蛋花汤	匈牙利红烩牛肉汤 洋葱汤 蔬菜牛肉浓汤 通心粉汤 菜末汤	中式蛋花汤 酸辣汤 海苔豆腐汤 裙带菜汤

麻烦记录

把解决麻烦的时间最小化！

我搬到现在的房子已经 4 年了。关于送货上门送错的问题我已经遇到不下 10 次。

我一边看着外出时收到的寄送通知，一边输入密码，却怎么也打不开。怎么看都是配送员写错了。给管理公司打电话，对方回复："什么时候需要呢？我们派人过去要花费时间，而且根据距离还要支付相应费用。"

这真是一个晴天霹雳。2 年前我也遇到过同样的麻烦，那时对方是为我无偿解决的。那时候要是有记录的话，我就可以立刻说："2 年前的 10 月你们可是无偿解决的呀。"

之前遇到过的麻烦今后可能还会再次遇到。这个时候如果参照过去的处理办法，就能够事半功倍，或是遇到对方态度不好时勇敢交涉，不再忍气吞声。

"麻烦记录"就是为了把解决这些麻烦所花费的时间和人力降低至最小的预防策略，还可以用来避免出现"说过没说过"的争执。

麻烦记录

2015年9月5日 管理公司

输入派送通知单密码，配送盒还是无法打开。联系管理公司，对方回复："无法立即解决，这种情况还要收取相应费用。"（田中）

配送公司神崎先生
03-0000-0000
管理公司大田先生或田中女士
03-0000-0000

【备注】

联系了配送公司，告知对方密码错误，且需要有偿解决的情况。之后，大田先生联系了我。可能是配送盒的电池没电了。

2013年5月23日 管理公司

工作人员忘记放派送通知单，配送盒无法打开。

管理公司大田先生
03-0000-0000

【备注】

工作人员帮我打开了盒子，并安排把我的行李送到了家中。

2016年8月4日 购物

网上超市中购买的食品（切包菜）中混入了衣物。

联系了客服中心
发送了照片

处理中的事情
附上便签写明经过！

2013年10月2日 服务

洗衣配送，约定日期已经过去了1个月，还是没有任何联络。

L 清洗店佐藤先生
03-0000-0000

【备注】

质问延迟的原因，对方却不断说谎。还反过来说是我这边的责任。让先生再次联系。最后收到部分退款。

灾害防范指南

提前总结的重要的东西

关于灾害防范的总结，我准备了笔记和卡片两种。

●灾害防范指南（笔记）的制作方法

"灾害防范指南"主要是为了应对灾害而写在家事手账当中的内容。主要记录了储备品、需要平时检查的地方、紧急关头的避难场所等。

如果感觉做这个部分太麻烦的话，也可以下载房地产公司或公寓管理公司发布的免费文件。对于防灾信息，文件都做了简明易懂的解说和总结，十分便利。如果打印出来，还可以用打孔器打孔，夹入活页笔记本中。

●灾害防范卡片的制作方法

我之前工作的公司给每个员工都配发了防灾卡片。上面汇总了紧急时刻的行动方针、自己和家人的联系方式、公司的联系方式等内容。

仿照这个卡片，我使用三角联络法制作了一个卡片，上面写了家里的电话、回家的路线等内容。可以在百元店里买到名片大小的卡片，写上信息后放进钱包，十分方便。

非常时刻的"联络"

▦ 三角联络法
▦ 会面场所

三角联络法

自己

亲戚
朋友 ⟷ 家人

非常时刻的"行动"

▦ 从发生地震到开始避难的流程
为了到时候不慌乱，提前决定好行动的顺序。

※ 我家
①自卫②判断避难方式→避难场所③关紧煤气阀门④断开电闸
⑤把猫装进笼子⑥穿上婴儿背带⑦带上防灾物品⑧出去

非常时刻的备用品清单

▦ 备用品清单
总结一览表，记录面包和水等食品的保质期。

▦ 再用清单
主要是财产方面。这是为物品不慎丢失而准备的，提前写好号码和联系方式（※ 使用信用卡信息，参考密码记录法，即使被外人看到也没关系）。写上驾照号码、护照号、个人身份号码、养老金账号和与保险相关的票据号码等。

清扫配方

提高打扫干劲的便利小配方表

我是那种一看到新的清洁物品就立马要试一试的人。电视节目上介绍的东西我都会尝试一下，比如小苏打加柠檬酸、倍半碳酸钠、电解水等。

但是，就像新的东西无法永远保持崭新，我学习的这些新技能也都用不长久，没有一样能够运用自如。于是，我试着思考问题到底出在哪里，我发现原因可能是我不清楚"分量"和"使用方法"。

比如说，当我决定今天用小苏打进行清洁后，在开始行动之前，我必须要先查清楚"要打出浆糊，小苏打和水要以什么比例混合？""做出的浆糊还能用在哪里？"等问题。我认为这就是占用我的时间，使我无法继续下去的原因。

"清洁小配方"就是为了解决这些烦恼而制作的。但是，即使一次性试完所有的清洁剂也不可能保证 100% 正确，那么就从小苏打和柠檬酸入手，再次开始挑战吧。

有了清洁小配方就省去了调查分量和使用方法的麻烦，打扫的难度也大幅下降了。使用小苏打和柠檬酸来打扫，既环保又安全。对于像我家这样有孩子和宠物的家庭来说，再合适不过了。

清扫配方

 100mL 水 + 1 小匙小苏打

电话听筒
冰箱的密封垫片
靠垫

 小苏打 + 柠檬酸

洗浴间地板
厕所地板
菜刀除锈

 100mL 水 + 1/2 小匙柠檬酸

开关板
窗户玻璃
桌子
制冰器
去除镜子水雾
洗浴间墙壁

 原样使用

便当盒
平底锅
浴盆
淋浴水管
马桶水槽（外）
（中）→一晚上
沙发→吸尘器

除味 除臭壁橱、下水槽、鞋、玄关、冰箱、微波炉

排水口
100mL 小苏打 +
200mL 柠檬酸 1
分钟
遥控器、冰箱、
眼镜
1 大匙小苏打 +
1 小匙柠檬酸 +
400mL 温水

 浸泡

清洗器→4 小匙小苏打 + 几滴清洗剂
牙刷→2 小匙小苏打 + 300mL 开水
10 分钟
海绵→一晚上
猫用刷→1 小匙小苏打 + 500mL 水

 1 份水 + 3 份小苏打

餐具
切菜板→10 分钟
鹿皮绒面的污渍→1~2 小时

预防罪犯地图

有孩子家庭的必需品

虽然我已经是成年人了，但还是有过被陌生男人跟踪的经历。

有一次我感觉自己好像被跟踪了，有一位注意到此事的好心人将我平安地送到了目的地。但是，就在从大路上看不到的只有几米的死角处，下了车的我却遇到了危险。当时的恐惧感令我至今难忘。过去我一直以为只要成为大人就安全了，但是自从那次事件以后，我都会仔细调查居住地的治安情况和可以躲避的场所。

我除了会记录路灯较少的路段之外，如果哪天突然遇到一个形迹可疑的人，我也会记录下场所、日期和那个人的特征，再次经过那里时也会多加留意。

当女儿再长大一些时，我会和她一起看我做的地图，并共享信息。

"回家的时候要尽量走这边的路哦。"

"这里有一家便利店，必要的时候可以进去躲避哦。"

在走路时，对周围环境是一清二楚还是一无所知，这两者之间有天壤之别。预防犯罪地图是为紧急情况而准备的，我想让我们的生活尽量避开危险。

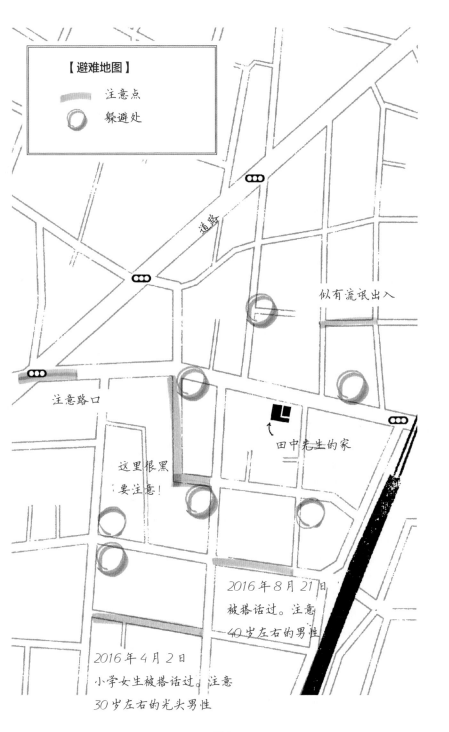

信用卡清单、银行账户清单

信用卡

姓名	SANJO RINKA
类别	护照
有效期	20[母 D-2] 年 [妻 M]
号码	[父 Y]9988776655××××
联系方式	0120-000-0000
个人主页	http://mycreditcard.jp
扣款日	每月 28 日
备注限额	10 万日元

银行账户

银行名	× 银行
支行名	○ 支行
账户种类	普通 暂时
账户号码	
印章	印章 B
电子支付进账出账	×
密码变更日	
使用途径	用作各类缴费
信用登记	无
缴费清单	奖学金每月 27 日
	电费每月 15 日
	燃气费每月 13 日
	自来水费隔月 13 日左右

每月固定的缴费额：约 25 000 日元

提前计算并记录每月的缴费额，这样就对每个月必须提前存入的最低金额有一个大致的预算。

可以省去每次都要拿出所需物品的麻烦

在填写资料时有时需要用到信用卡卡号或银行账户的号码。每次我都会把卡拿出来，用完之后抱着"一会儿再收拾吧"的想法，就把卡片扔回包里。之后要用时又要寻找。因此，我在家事手账中制作了"信用卡清单"和"银行账户清单"。

关于卡号，我会把其中的一部分数字用暗号标记，这样能保护隐私。我经常活用"Y= 年、M= 月、D= 日"这 3 个记号。比如说 [母 M+2] 月 →（妈妈的出生月 5 月 +2）=7，等等。但是，如果把所有数字都暗号化，解读起来会十分麻烦，所以我只对其中一部分数字使用这种方法。

扔垃圾清单

扔垃圾清单

贴在笔记上或使用彩
色胶带，每次搬家时
就不用重新制作了。

💎 **大型垃圾丢弃说明**

步骤1 申请
标记→生活→网上申请丢弃大型垃圾→选
择行政区→提出申请→输入扔垃圾者信息
→搜索种类→选择种类数目（若有多个垃
圾则重复该步骤）→选择丢弃日→确认（注
意提前看好处理券的种类、金额和张数）
步骤2 购买处理券（写上姓名和回收日
期）
步骤3 丢弃（到预约日期的上午8点为止）

💎 **困惑的时候**
• 区役所 03-0000-0000
• 分类 PDf

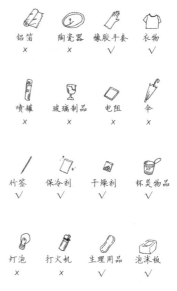

| 铝箔 | 陶瓷器 | 橡胶手套 | 衣物 |
| × | × | √ | √ |

| 喷罐 | 玻璃制品 | 电阻 | 伞 |
| × | × | × | × |

| 竹签 | 保冷剂 | 干燥剂 | 杯类物品 |
| √ | √ | √ | √ |

| 灯泡 | 打火机 | 生理用品 | 泡沫板 |
| × | × | × | √ |

"不知道如何丢弃而无法扔掉"的情况消失了

有很多不知道如何丢弃的东西，如橡胶鞋底的运动鞋、洗衣店的衣架等。还
有很多丢弃之前需要事先处理的东西，如里面还有残留物的喷雾罐、装有调
味料的瓶子等。你是否有过由于不知道丢弃方法而总是无法扔掉垃圾的经历？
"扔垃圾清单"就是查询并总结了一些可能需要重复丢弃的垃圾、将来有可
能转手的物品的处理方法的清单。而且，每次搬家也没必要重新制作，只需
要在变更的地方贴上纸，或使用彩色胶带做标记即可。

病历数据库

这是所有家人的病历表

凌晨 4 点被先生的呻吟声惊醒。先生心区疼痛。我不知道该怎么做，联系了急救中心，很快救护车来了。

早晨在急救门诊的等候室，我用颤抖的双手拿着诊断书，突然发现自己完全不了解先生的病史。结果并无什么异常，先生现在健康地生活着。但是我意识到，去医院时经常被问到先生情况的不是他本人，而是我。于是，我制作了"病历数据库"。

记录预防接种的记录、到现在为止患过的疾病、手术记录等，了解亲属是否患有癌症、糖尿病等具有遗传性的疾病。

同样推荐大家以照片或数据输入的形式将"病历数据库"存入手机。看着这份记录，填写病历书时就不需要苦苦思索，也不会写错。家人去医院就诊时也可以通过邮件发送，十分便利。

一直没有遇到合适的医生，在找到一个经常去就诊的医院之前，已经跑了很多家。在这个过程中，我被问到了很多问题，因此我制作了这个表格。书后附有可供复印使用的表格，请大家务必根据家人的情况试着去做一做。

【过敏】记录是否有过敏情况

【药】

【食物】

【花粉】

【其他】房中灰尘、宠物

【病史】用○标记迄今为止患过的疾病

□哮喘　　　　□遗传性皮炎　　　□荨麻疹　　　□肝脏疾病

□糖尿病　　　□高血压　　　　　□心脏病　　　□慢性肝炎

□甲状腺疾病　□脑梗死　　　　　□肺气肿　　　□通气过度综合征

□溃疡性大肠炎　□其他

【预防接种】

病名	记录	预防接种
白喉		4 种混合
百日咳		
破伤风		未进行
小儿麻痹		
水痘		未进行
荨麻疹		磁共振未进行
风湿		磁共振未进行
日本脑炎		未进行
结核		未进行

【手术记录】

病名	医院名	时间

【家族病史】

病名	亲属关系	备注
癌症		
高血压		
糖尿病		

就诊记录

为了健康提前记录重要信息

这是发生在我怀孕期间的一件事。一天早上，我醒来之后觉得喉咙如火烧般疼痛。我想是不是由于前几天发烧的缘故，就去医院开了一些孕妇可用药。但是状况进一步恶化，最后发不出声音了。我决定去产科医院咨询，但问题是我发不出声音。为了向医生复述事情的经过，我就从几天前发烧开始，把在哪里做了什么诊断、开了什么药等全都写在了一张纸上。

我拿着这张纸去了医院，意外受到了医生的大力赞扬。在写给大医院的病情介绍信中，医生把我写的内容原样写了下来，并说"这个太好了，给我吧"，带走了我写的记录。由此产生了"就诊记录"。

何时得了什么病，在哪里接受了怎样的治疗，开了什么药，整理好这些信息，能使自己头脑更加清晰，也更容易向医生介绍病情。在那之后，总共有 5 位医生为我进行了诊断，2 周以后终于痊愈了。在此过程中，每次换医生提供诊断史的时候，那份记录都帮了不少忙。我觉得"就诊记录"就是这样一种可以作为诊断辅助意见的、在守护生命健康方面十分重要的信息。

就诊记录

时间	人员	病名	医院名、医生名	症状				备注
				□发热	□咳嗽	□流鼻涕	□疼痛	
				□打喷嚏	□拉肚子	□呕吐	□恶心	
				□受伤	□烧伤	□烫伤	□其他	
				□发热	□咳嗽	□流鼻涕	□疼痛	
				□打喷嚏	□拉肚子	□呕吐	□恶心	
				□受伤	□烧伤	□烫伤	□其他	
				□发热	□咳嗽	□流鼻涕	□疼痛	
				□打喷嚏	□拉肚子	□呕吐	□恶心	
				□受伤	□烧伤	□烫伤	□其他	
				□发热	□咳嗽	□流鼻涕	□疼痛	
				□打喷嚏	□拉肚子	□呕吐	□恶心	
				□受伤	□烧伤	□烫伤	□其他	
				□发热	□咳嗽	□流鼻涕	□疼痛	
				□打喷嚏	□拉肚子	□呕吐	□恶心	
				□受伤	□烧伤	□烫伤	□其他	

家谱图

享受探寻家族历史的乐趣

这是母亲的曾祖母去世时候的事。我只和母亲这边的 3 家亲戚互有联系，在守夜时和葬礼上见到的全是陌生的面孔。

母亲的曾祖母有 7 个子女。尽管有人向我介绍——"这是大宫舅舅""这是你外婆的弟弟"，我却怎么也记不清楚。父亲的兄弟姐妹就有 5 人，再加上先生家的亲戚……

虽然觉得画家谱图很麻烦，但是从探寻自己的家族历史来看好像很有趣。于是我一边询问母亲，一边画起来，发现亲戚真的太多了。多留些空白，为了记得更牢固可以画上特征或肖像，如果有照片的话贴上照片也是可以的。

先生家的家谱图还没有做。我想下次回老家时问过婆婆再开始做。为了让自己见到亲戚时不至于失礼，还可以复印之后装在口袋里。

忌辰清单

	藤崎菊次郎（祖父）1996 年 11 月 13 日去世	藤崎明美（祖母）1998 年 2 月 16 日去世	寺本总一郎（外祖父）2001 年 5 月 24 日去世
2012			
2013			横栏写上已故亲属。
2014		16 周年忌辰	
2015			
	当自己是治丧人时，标上清晰易懂的记号。		
	23 周年忌辰		
2019			记录忌辰葬礼的时间。何时、何地、何人什么仪式都可以一目了然。
2020		22 周年忌辰	
2021			
2022	26 周年忌辰		
2023			22 周年忌辰

已逝家人的葬礼时间一目了然

虽然我记得祖父母的忌辰，但是葬礼在什么时候却不太清楚。于是，我把举行过葬礼的年份按照家族分开，做了一份可以一目了然的"忌辰清单"。想知道"某人的葬礼是什么时候"就纵向查阅，想知道"今年有谁的忌辰"就横向查阅。自己是治丧人时，提前联系亲戚等事前准备是很重要的。每年 1 月在"季节家务"中做一个一览的记录。提前贴上便签会更好。到了指定月份时要想着"差不多该开始准备了"，再开始行动。

纪念日清单

完美地安排重要节日！

生日就吃苹果派，大家一起唱生日歌。圣诞节则会穿上我最漂亮的连衣裙去饭店。我的父母总能让我们认真度过每一个纪念日。

现在我有了自己的家庭，纪念日的安排都是我在做，但约不到饭店的情况时有发生。

"纪念日清单"就是为了让纪念日的准备工作能够顺利进行的笔记。在手账的"日程表"中，每个月都写上"本月纪念日"，这样就可以慢慢开始准备了。

时间	纪念日	想做的事情	记录
每年 4 月 6 日	先生的生日	准备汉堡和蛋糕，写留言卡片。如果可以在外面吃饭的话就预约 "xx 饭店"	
每年 10 月 31 日	万圣节前夜	准备南瓜汤，放入切成汉堡和南瓜形状的奶酪	10 月 1 日至 7 日结束装饰品准备工作
每年 12 月 31 日	年末	上午进行最后的打扫。傍晚参拜（在老家时）祠堂、洗澡。晚上做牛肉火锅和荞麦面	←由于是在特别的日子里做的事情，所以想成为每年的习惯
2016 年 7 月 7 日	花实的婚礼	如果能收到花就好了……	在 "xx 饭店" 吃午饭。帮我铺了婴儿用的被子，在单间里度过了悠闲的时间

照顾家人记录

让家人过得更健康更快乐

"照顾家人记录"指的是按家人情况进行分类
的各种各样的清单。它因每个家庭生活方式的
不同而各不相同，所以在这里只介绍一些想法。

●针对婴幼儿的记录

断奶食品记录、成长记录、玩耍记录、绘本记录。

●针对小学生的记录

读书账本（免费发放的也要记录）、妈妈和孩子的交换日记、作文笔记。

●针对夫妻的记录

话题记录（总结当天发生的事情、新闻、对电视节目的感想等作为话题提示）。

●针对父母的记录

饭菜准备记录、传记记录（询问有关父母人生经历的事情，做成类似传记的
总结，当作礼物送给父母）。

●针对宠物的记录

身体状况记录、用品购买记录，把现在烦恼的事情、容易忘记的事情记录下
来的话会很方便。

喜事记录、丧事记录

人情往来的很多信息都在这里

人情往来的所有信息写在家事手账里。

"喜事记录"是记录结婚和生产的信息，在"家人"栏里写上配偶的名字和孩子的名字。

"丧事记录"记录的是除亲属以外的人的讣告。为了便于知晓是否参加了守灵和葬礼，我设置了几个空栏。亲属的葬礼记录在"忌辰清单"中。

这样做出来的表格几乎包含了所有信息，左侧的"No."这一栏每年进行更新。

比如"喜事记录"中的加藤和也先生。因为家里添丁而为其送上了祝福。这条信息在"送礼记录"中也有记录。看备注栏就能明白。

通过备注，不仅可以看到喜事的情况，还能知晓当时送出了什么礼物，收到了什么礼物，十分便利。

喜事记录

No.	时间	姓名	关系	类别	家人	婚宴	备注
1	2012 年 10 月 7 日	中村曜平	朋友	结婚	里香		结婚典礼 2013-2-2
2	2012 年 12 月 12 日	小林美花	朋友	生产	美知		
3	2013 年 2 月 9 日	加藤和也	表哥	生产	太志		

丧事记录

No.	时间	姓名	关系	参加记录		奠仪	备注
				守灵	葬礼		
1	2015 年 6 月 26 日	山田真二	老师	×	×	×	生前通过其本人所写的信件知晓生命无法继续
2	2015 年 11 月 23 日	广川歌子	上司的家人	○	×	5000 日元	广川幸智先生的母亲

收礼记录、送礼记录、给家人的礼物记录

把所有关于礼物的信息连接起来

虽然这不是家务，但还是要把收送礼物的记录记在家事手账上。

●收礼记录

"收礼记录"中记录的是收到的特产、生日礼物，以及在自己结婚、生孩子等喜事时收到的礼物。

●送礼记录

"送礼记录"中记录的是送出的特产、生日礼物，以及在朋友结婚、生孩子等喜事时送出的礼物。家人的喜事也记录在这里。

但是，送给家人的礼物要做一个"给家人的礼物记录"。母亲节、圣诞节、家人生日等节日每年都要过，分开记录便于挑选礼物时参考。

要把收送礼物的记录连接起来。比如，别人生孩子送出礼物时，收到家人的礼物时，要在备注栏里标上"I（收到的礼物）""S（送出的礼物）""O（喜事）"等记号，并标注相应的数字，让相同的记录连接起来。这样就可以统一管理收送礼物的信息。

No.	时间	送礼物者	关系	理由	内容	价值	还礼	备注
1	2012年10月	高桥博士	先生的上司	年末	咖喱	约10 000日元	完成	S2012-2
2	2012年10月	田中真奈美	姑妈	年末	甜品	约5000日元	完成	
1	2016年4月	伊藤繁	先生的上司	生孩子祝贺	衣服	约5000日元	完成	
2	2016年4月	山本美菜	朋友	生孩子祝贺	衣服	约5000日元	未完成	
3	2016年4月	渡边爱子	姑妈	生孩子祝贺	礼金	10 000日元	未完成	P2016-4

送礼记录

No.	时间	送礼物对象	关系	理由	内容	价值	商品名	备注
1	2012年12月	铃木雄介	伯父	年末	干货组合	5000日元	精选干货组合3种	
2	2012年12月	高桥博士	先生的上司	年末	干货组合	5000日元	精选干货组合3种	I2012-1
3	2012年12月	小林美香	朋友	生孩子祝贺	衣服	5000日元	婴儿背带连衣童装套装	
1	2013年1月	佐藤优子	表姐	生日	小钱包	2000日元	晴日小钱包	生日会
2	2013年2月	加藤和也	表哥	生孩子祝贺	礼金	10 000日元		O2013-1

信件模板

有了信件模板，写信难度就会降低！

收到信时很开心，也有一大堆想写的东西。尽管如此，却总是感觉无法动笔，理由是"还没有做好准备，无从下笔"。因此，我准备了信件模板，总结了信件的写法。

●节日的问候
准备了对亲近的人使用和对上司及长辈使用的两种模板。在春光烂漫的时刻，在樱花盛开的时节，等等。

●问安
您身体好吗？请保重身体，等等。

●感谢信模板
某种程度上说这是固定模板了，就做成了填空的形式。"敬启在这〇的时节，各位身体健康生活幸福，向您表示祝贺。这次收到您的〇，我表示衷心的感谢。（此处根据写信对象使用合适的语言）请保重身体。谨启。"

●给朋友的信
大致准备了一些写信的套路。

1. 向对方表示问候。2. 简述近况。3. 向对方提问。4. 结语。
做好这些准备，大致内容就能立刻浮现出来，你也会更加喜欢写信。

小礼物清单

只要记录清单，总有一天会擅长送小礼物

日常注意收集关于小礼物的信息，如吃了之后感觉很美味的东西，收到后感觉很开心的礼物，适合当作礼物送人的小东西，这样到了需要用的时候就不会感到迷茫。"小礼物清单"就储存了这些信息。

把自己试过之后，觉得"这个绝对不会错！"的东西记录下来。还没有尝试过的东西，和比较中意的东西也写在便签上贴在笔记里，从杂志上剪下来的内容也用彩色胶带贴上去。

记录的内容：
●点心名称 ●价格
●店名 ●最近的店铺
●是否有线上店铺
●推荐的人 ●备注

提前算好到送礼物的日子，这样即使突然有来客造访也不会慌乱，能够轻松地进行接待。如果擅长送小礼物，或许就能够为生活带来更多色彩。

棉花软糖

核桃

需要切开

Ma Bonne 巧克力棒

巧克力制造商（东京麻布）
●￥1300 或 1900 或 2800 起
●有线上店铺
会员登录○ 信用卡登录○
●特别招待
●对独自生活的人可能有些麻烦
●8月1日至8月31日为公休日

第 4 章

快乐清单

快乐清单，是带给你美好心情的清单。

想要一直做好家务，整理心情也很重要。

观测月亮

通过月亮圆缺来调整心情

观测月亮是为了调整心情。开始这件事的契机是，我发现当我感到毫无理由的烦躁时，必然是满月的日子。试着观察之后，我发现，新月和满月时心情好像不同。

在适合开始新事物的新月之日，我会制定未来 1 个月的计划。具体内容有：

● **思考想要新开始做的事情**

● **决定每周（习惯）计划的主题**

在容易冲动的满月之日，我会自己表扬自己，尝试抑制烦躁的情绪。

● **本月的 DAY 回顾**

● **拿出珍藏的甜品**

通过利用月亮的盈亏，来调节自己的情绪。

开心 50 音

心情低落时恢复活力的方法

我是一个性格消极的人。但是，最近我即使心情低落，只要一个小时就能够恢复如初。这多亏了"开心 50 音"。

首先事先准备好大约 50 个能使人变得元气满满的词语。

不知道写什么词语时，就试着写自己喜欢的东西（书、食物等）、喜欢做的事情（兴趣等）、喜欢的人（歌手或演员等）。心情低落时，只需要从这些当中选出现在立刻能做的事情去做即可。

比如，有一天我非常悲伤。首先，陷在回忆中伤心哭泣。然后

调整呼吸，舒展身体。将手机连上充电器，放在视线之外。冲了一杯温暖的可可，心情就平复了。

之后寻找根本的解决方法，好好睡一觉就能恢复精神了。

本月的 3 大乐事

还可以成为话题

即使每年只有一次，写贺年卡片也是一件充满压力的事情，因为想不到应该在上面写些什么。

因此，我决定在每个月的最后一天回顾本月的开心事，选出 3 件写在手账本上。

打开照片、日记或微信，会意外发现很多开心事。但从中选出 3 件也不容易。

每年总结 36 件开心事的笔记，不仅在写贺卡和写信时能够成为灵感提示，还能在日常的对话中成为话题。比起其他东西，你只需要看着它，就能够笑逐颜开。

> **想不起快乐的事情……这时**
>
> □回顾一下画像吧
> □看一下微信吧
> □这个月和谁见面了？
> □尝过之后觉得好吃的东西有什么？
> □新开始做的一件事是什么？
> □印象最深的一句话是什么？
> □读了什么书？
> □看了什么电影？
> □孩子是什么状态？
> □工作中印象最深的一句话是什么？

每周（习惯）计划

每周选定一个主题,进行挑战

资料整理周

· 打开装有资料的盒子
· 扔掉不需要的东西
· 做出分类目录
· 暂时放置的场所是?

不愉快关系消除周

· 这一年当中讨厌的事情是?
· 具体是什么感情(愤怒、悲伤)?
· 下次再发生同样的事情怎么办?

语言训练周

· 注意自己的口头禅
· 多说积极的话
· 使用赞美之词

味噌汤研究周

· 美味高汤的做法
· 研究味噌的种类
· 考虑家中的常用工具材料
· 选定容器

女人味提升周

· 阅读关于化妆的书籍
· 去逛化妆品柜台
· 买一些和平时不一样的杂志
· 制作想要的服装的剪报

固定位置评测周

· 容易散乱的部分?
· 不知道存放物品的地方?
· 经常消失的东西?
· 取用不方便的东西?

我总会在每周日的晚上决定下周的主题,我把这叫作"每周(习惯)计划"。选出想要掌握的事情,并努力将它变成习惯。但期限只有 1 周。比如我想要写出漂亮的字时就规划练字周。即使容易厌倦,但规定时间只有 1 周,也能够坚持下来。到了下周日的晚上时,字也比上周变得漂亮一点了。

下一周挑战不同的主题。可以与练字周同时进行,无法并行的时候也可以另选时间。做总比不做更好。

明日地图
让明天更精彩

想要干劲和元气
想开始新的事物
想要更认真地生活

想吃好吃的东西
想要愉快的心情
想让身体动起来

想拥有希望
想思考未来
想过得热闹一点

不想有压力
想放松
想让身体好好休息

想要集中精神
想要被信赖
想冷静

想创新
想更有女人味
想调节心情

想要变得温柔
想要注入更多的爱
想变得更漂亮

想度过清爽的一天
想要整理生活
想要梳理感情

想要自信
想要表达自己的想法
想奢侈一点

想要让明天变得更加快乐，提前抽签吧。试着从上面的 9 个颜色中选出表示明天想要做的事情的颜色（内容）吧。

比如想要干劲的时候就选红色，想要梳理感情就选白色。当然也可以先凭直觉选择颜色，然后再看其中内容来解读自己的心情。

选定了明天的主题颜色，脑海中就会浮现出具体的冲动，如"想做这件事""为了做这件事这是必须的"，等等。只要沿着这个地图行动，就一定会寻找到理想的过法。

本月的 DAY 回顾

留下快乐的记录

"DAY 回顾"，指的是在晚上睡觉之前，回顾一天之内的"做到的事（D）""感激的事（A）"和"开心的事（Y）"。在一天结束之时，回想今天发生的事情之后入眠，就能以积极的心态去面对明天。"本月的 DAY 回顾"记录了 1 个月的内容。以月为单位回顾"DAY"事件的话，做到的事就是自己的成长记录，感激的事就是被他人温柔相待的记录，开心的事就是带给你笑容的记录。

自从开始了 DAY 回顾，我更容易获得幸福感，每天更加快乐了。

结 语

回到家的先生不再发出叹息。

玄关收拾得整整齐齐。先生的换洗衣物和毛巾，都在为女儿准备洗澡时一并准备好，并放在换衣服的地方了。此外还有更加周全的准备：夏天会准备团扇，冬天会根据先生的"回家短信"适时打开取暖器温暖换衣服的地方。

听到先生洗完澡的声音，马上把提前做好的饭放进微波炉里加热，这期间擦干净桌子，摆放饮料和碗筷。饭加热完毕之后就端过来。然后坐下来，一边给猫咪做清洁，一边和先生交流这一天发生的事情。吃完饭之后我们一起饮用温暖的焙茶。之后开始收拾、打扫厨房，结束之后看看整个房间，检查有没有散乱的地方。桌子上保持什么都没有的状态，然后睡觉。明天会是怎样的一天呢？一想到这个内心就雀跃不已。

当然，也会有不顺利的日子。有时很疲惫，就无暇顾及散乱的房间。有时热衷于看漫画或埋头工作，等回过神来的时候已是日落西山。但是，用余下的时间还是能够想方设法完成家务。

家事手账花了几年的时间才发展到今天的样子。自从开始写家事手账，生活中不知道怎么做的事情渐渐消失了。结果，所有花费在思考、查询、寻找上的无用功全部消失，生活中有了更多的时间。

做家务不是一项才能。只要改变方法就能很好地完成，就能让生活更加轻松。完成家事手账或许要花费一些时间，但是，只要你完成了 1 页，相应部分的不知道怎么做的事情也就随之消失了。如果家事手账能对你的生活有所帮助的话，我将感到十分荣幸。

最后我想表示感谢。首先，对本书的责任编辑池田先生这一年来的悉心指导表示衷心的感谢。还要感谢为本书做出完美设计的设计师高梨先生，和添加了美丽插图的插画师 Shapre。还有从我学生时代起就一直给我指导，教我博客使用方法的桥谷先生，以及我的家人、朋友和猫咪。还有从十几岁起就一直支持着我出版梦想的丈夫和一直关注我博客的各位读者。多亏了大家的支持，这本书才得以出版。

三条凛花

每周计划	天气家务	日期	七色家务	每月家务	其他
		1 （ ）			
		2 （ ）			
		3 （ ）			
		4 （ ）			
		5 （ ）			
		6 （ ）			
		7 （ ）			
		8 （ ）			
		9 （ ）			
		10 （ ）			
		11 （ ）			
		12 （ ）			
		13 （ ）			
		14 （ ）			
		15 （ ）			

月

每周计划	天气家务	日期	七色家务	每月家务	其他
		16 ( )			
		17 ( )			
		18 ( )			
		19 ( )			
		20 ( )			
		21 ( )			
		22 ( )			
		23 ( )			
		24 ( )			
		25 ( )			
		26 ( )			
		27 ( )			
		28 ( )			
		29 ( )			
		30 ( )			
		31 ( )			

【病历数据库】

姓名：_____

过敏	【药】
	【食物】
	【花粉】
	【其他】

既往病史			
□ 哮喘	□ 遗传性皮炎	□ 荨麻疹	□ 肝脏疾病
□ 糖尿病	□ 高血压	□ 心脏病	□ 慢性肝炎
□ 甲状腺疾病	□ 脑梗死	□ 肺气肿	□ 通气过度综合征
□ 溃疡性大肠炎	□ 其他		

传染病	病名	记录	预防接种
	白喉		4 种混合
	百日咳		未进行
	破伤风		
	小儿麻痹		
	水痘		未进行
	荨麻疹		磁共振未进行
	风湿		磁共振未进行
	日本脑炎		未进行
	结核		未进行

手术记录	病名	医院名	年龄

家族病史	病名	关系	备注
	癌症		
	高血压		
	糖尿病		

【厨房的日用品清单】

调味料	
粉类	
香辛料	
干货	
罐头	
速食品	
冷冻食品	
扫除、清洗剂	
饮料	
常用食材（日式）	
常用食材（西式）	
烹饪用品	

用一本手账，将生活安排得井井有条。